抽水蓄能在新型电力系统中的作用研究

国网新源集团有限公司 著

应急管理出版社

· 北 京 ·

图书在版编目（CIP）数据

抽水蓄能在新型电力系统中的作用研究／国网新源
集团有限公司著 . －－ 北京：应急管理出版社，2024

ISBN 978 - 7 - 5237 - 0015 - 0

Ⅰ.①抽… Ⅱ.①国… Ⅲ.①抽水蓄能发电机组—
作用—电力系统—研究 Ⅳ.①TM7 ②TM312

中国国家版本馆 CIP 数据核字（2023）第 219607 号

抽水蓄能在新型电力系统中的作用研究

著　　者	国网新源集团有限公司
责任编辑	成联君
编　　辑	康嘉焱
责任校对	孔青青
封面设计	吴　睿

出版发行　应急管理出版社（北京市朝阳区芍药居 35 号　100029）
电　　话　010 - 84657898（总编室）　010 - 84657880（读者服务部）
网　　址　www. cciph. com. cn
印　　刷　凯德印刷（天津）有限公司
经　　销　全国新华书店

开　　本　710mm × 1000mm $^1/_{16}$　印张　$8\frac{1}{4}$　字数　123 千字
版　　次　2024 年 3 月第 1 版　2024 年 3 月第 1 次印刷
社内编号　20221517　　　　　定价　68.00 元

著 者 名 单

常玉红　王　磊　衣传宝　吕志娟　原　凯
魏　敏　马实一　赵宇尘　高　旭　罗　艳
何张进

前　言

习近平总书记在中央财经委员会第九次会议中强调，要构建清洁低碳安全高效的能源体系，控制化石能源总量，着力提高利用效能，实施可再生能源替代行动，深化电力体制改革，构建以新能源为主体的新型电力系统。"十三五"期间，我国新能源装机年均增长约 6000 万千瓦，增速为 32%，是全球增长最快的国家。从装机占比来看，截至 2020 年底，我国风电装机 2.8 亿千瓦、光伏发电装机 2.5 亿千瓦，新能源在电力装机总量中的占比约 24%；从发电量占比来看，截至 2020 年底，新能源发电量占整体发电量的 9.5%。未来，构建以新能源为主体的新型电力系统，无论是从装机占比还是从发电量占比来看，新能源都具有较大的提升空间。然而，与装机量占比提升相比，发电量占比的提升更为艰难，对电力系统构成的挑战也更大。随着新能源发电在电力系统中渗透率的提高，风电、光伏等新能源发电出力较强的波动性使得系统运行的波动性和不确定性随之增加。由于系统安全裕度不足和调节能力较弱，大量弃风、弃光现象时有发生。

新能源大规模开发利用，给电网安全运行带来挑战，迫切需要通过发展储能等措施，提高系统灵活调节能力。作为现阶段最安全、最稳定、最成熟、最经济的储能方式，抽水蓄能电站是电力系统不可或缺的优质调节电源。

新型电力系统要求提升电力系统的整体灵活性，抽水蓄能作为一种超大规模的储能装置，是电力系统中较为经济、成熟的大规模储能技术，不仅储能容量大，而且具有启动迅速、调节灵活的特点，在多个时间尺度下均具有一定的调节能力。当前阶段，抽水蓄能在电力系统中主要作用为保证电网安全稳定运行，同时发挥调峰填谷、提供消纳新能源储能等综合功能。在未来以新能源为主的新型电力系统下，抽水蓄能的主要功能和定位将发生变化，以适应电网的调节需求。因此有必要对抽水蓄能在新型电力系统中的功能定位变化和调节能力需求开展针对性研究。

本书以某电网和区域电网为例，通过研究抽水蓄能在新型电力系统各阶段功能定位的变化、不同电源配比情况下新型电力系统特性、不同系统调节需求下抽水蓄能响应能力三个方面形成的一系列成果，促进抽水蓄能与新能源协同开发运行模式的稳步高效推进和成本控制，提升新能源利用水平，更好地构建新型电力系统，服务碳达峰、碳中和战略。

由于时间和作者水平有限，本书难免有疏漏和不当之处，请广大读者批评指正。

作 者
2023 年 4 月

目　录

第1章 新型电力系统的源网荷特点分析

1.1 新型电力系统概述

1.1.1 新型电力系统总体特征

习近平总书记在第七十五届联大会议上宣布我国争取在 2030 年前实现碳达峰、2060 年前实现碳中和的宏伟目标。根据国际能源署（IEA）发布的《2050 年净零排放：全球能源相关行业路线图》（图 1-1），电力行业需要在未来 30 年的时间内以明显高于其他相关行业的减排速率带动能源系统转型，从而为全社会实现碳达峰、碳中和的目标提供坚强有力的基础保证。

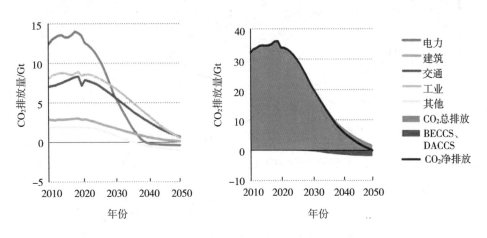

图 1-1 2050 年净零排放：全球能源相关行业路线图

电力行业低碳化发展已成为社会共识，以新能源高占比为特征的新型电力系统应运而生，它承载着能源转型的历史使命，是清洁低碳、安全高效能源体系的重要组成部分，是以确保能源电力安全为基本前提，以满足经济社会发展电力需求为首要目标，以坚强智能电网为枢纽平台，以源网荷储互动与多能互补为支撑，具有清洁低碳、安全可控、灵活高效、智能友好、开放互动等基本特征的电力系统。

国家电网有限公司在《构建以新能源为主体的新型电力系统行动方案（2021—2030 年)》中指出，随着碳达峰、碳中和进程加快推进，能源生产加速清洁化、能源消费高度电气化、能源配置日趋平台化、能源利用日趋高效化。能源格局的深刻调整，将对电力系统的电源结构、负荷特性、电网形态、技术基础以及运行特性产生巨大影响，碳中和目标下中国能量平衡示意图如图 1-2 所示。

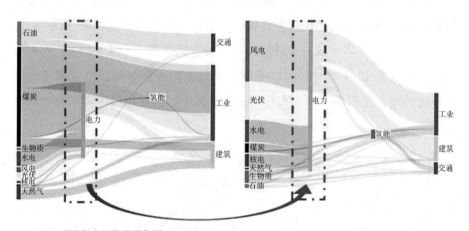

（a）现阶段中国能量平衡图（2020） （b）碳中和目标下中国能量平衡图（2060）

图 1-2 碳中和目标下中国能量平衡示意图

电源结构：由可控连续出力的煤电装机占主导，向强不确定性、弱可控出力的新能源发电装机占主导转变。

负荷特性：由传统刚性、纯消费型，向柔性、生产与消费兼具型转变。

电网形态：由单向逐级输电为主的传统电网，向包括交直流混联大电网、微电网、局部直流电网和可调节负荷的能源互联网转变。

技术基础：由同步发电机为主导的机械电磁系统，向由电力电子设备和同步机共同主导的混合系统转变。

运行特性：由源随荷动的实时平衡模式、大电网一体化控制模式，向源网荷储协同互动的非完全实时平衡模式、大电网与微电网协同控制模式转变。

1.1.2 新型电力系统源网荷变化趋势

新型电力系统的建设必将给现有电力系统带来深刻变化，最为显著而直接的变化在源荷两端。

首先是电源侧，以风光为代表的新能源发电将逐步成为主导，煤电、水电等常规电源逐步转变为发挥支撑调节功能的系统电源。根据相关研究预测，2060 年我国全社会用电量约为 150000 亿 kW·h，电源总装机将达到 80 亿 kW。其中，新能源装机规模将达到 50 亿 kW，占比超过 60%；新能源发电量占比将超过 55%，逐步成为电量供应主体。整体电力结构发展展望见表 1-1。

表 1-1 整体电力结构发展展望

年份	2020	2030	2060
总装机/亿 kW	22	36~41	78~82
煤电装机占比/%	49.1	31~36	4
常规机组装机占比/%	76	约59	约23
非化石能源装机占比/%	44.8	52~59	88~89
非化石能源电量占比/%	33.9	39~45	86~87

新能源出力具有波动性、随机性的特点，在装机、电量占比不断提升的发展过程中，其对电力系统灵活性资源储备及高效调控提出了更高要求；随着新能源装机占比不断提升，电力系统调频能力减弱、抵御故障能力下降，系统频率稳定问题将更加突出，如图 1-3 所示。同时，高比例新能源及电力电子装备的接入，使得电网整体电压调节能力和支撑能力下降，送受端电网电压不稳定问题愈发严重。

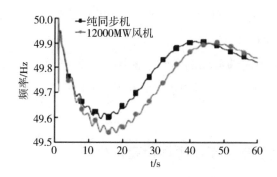

图 1 - 3   同步电机和风机对系统频率波动影响情况

此外，由于新能源在频率和电压方面耐受能力较差，新能源外送基地易受系统大扰动影响而发生大规模脱网，这对新型电力系统灵活调度以及故障耐受能力提出了严峻挑战。

其次是负荷侧，负荷特性由传统刚性、纯消费型，向柔性、生产与消费兼具型转变。随着用户侧高比例分布式能源的快速发展、电动汽车及温升型新型负荷等可调节负荷的不断增长，电力消费将从刚性需求向柔性需求转变，网荷互动能力持续提升，预计到 2060 年可调节负荷规模将达到电网最大负荷的 15%。

2013—2020 年国网经营区电能替代电力逐年增长（图 1 - 4），累计完成替代电量 8677 亿 kW·h，减少 CO_2 排放 8.7 亿 t，为促进社会节能减排、优化终端能源消费结构做出积极贡献。相关研究预测表明，"十四五"期间国网经营区电能替代合计规划超过 5000 亿 kW·h。负荷侧电能消费体量以及终端电气化水平将持续提升。同时，我国大力推动电动汽车产业发展，2020 年我国动力电池装车量累计已达 63.6GW·h，伴随 V to G 技术不断发展和应用，电力系统源荷互动潜力巨大。

源荷两端的显著变化必将对电网形态产生深刻影响，电网将由单向逐级输电为主的传统电网，向包括交直流混联大电网、微电网、局部直流电网和可调节负荷的能源互联网转变。电网侧运行特性也由源随荷动的实时平衡模式、大电网一体化控制模式，向源网荷储协同互动的非完全实时平衡模式、大电网与微电网协同控制模式转变。

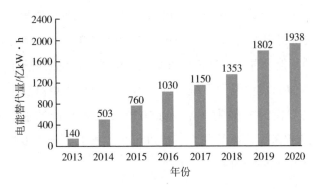

图 1-4 2013—2020 年国网经营区电能替代实施电量

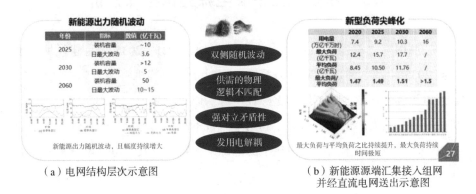

（a）电网结构层次示意图　　　　　（b）新能源源端汇集接入组网并经直流电网送出示意图

图 1-5 新型电力系统的特点

由图 1-5 可以看出，在新型电力系统构建过程中源、网、荷的深刻变化，风光等新能源出力的强随机性、波动性和用电负荷日益尖峰化都给电力电量平衡带来了巨大挑战。因此，如何在更大的时间尺度和空间范围内，重新构建源、荷、储的非实时电力电量平衡模式，确保可靠、高效、灵活的电力供应，是新型电力系统必须解决的核心问题之一。

系统亟须大量可靠灵活的调节资源，以提升电力系统安全稳定运行能力。在现有的灵活性调节资源中，抽水蓄能电站是目前技术最为成熟、可靠且经济性较好的大规模储能电源，具有灵活的调峰、调频和调相作用，可以作为紧急事故备用电源，提升电网安全、稳定运行水平。除此之外，抽水蓄能电站能为电力系统提供转动惯量，是其他储能类调节电源所不具备的，这对维持高比例新能源电力系统频率稳定尤为重要。

2021 年 9 月，国家能源局发布的《抽水蓄能中长期发展规划（2021—2035 年)》明确指出，到 2030 年风电、太阳能发电总装机容量 12 亿千瓦以上，大规模的新能源并网迫切需要大量调节电源提供优质的辅助服务，构建以新能源为主体的新型电力系统对抽水蓄能发展提出更高要求。规划提出抽水蓄能储备规模约 3.05 亿 kW，到 2030 年我国投产抽水蓄能总规模约 1.2 亿 kW，为保障电力系统安全、促进可再生能源大规模发展、支撑新型电力系统建设提供重要保障。

1.2 新型电力系统电源结构特点分析

按照国家"双碳"目标和电力发展规划，2021—2035 年是建设期，预计到 2035 年基本建成新型电力系统。届时新能源装机将成为第一大电源，常规电源逐步转变为调节性和保障性电源。以风、光为代表的新能源尽管装机规模不断增大，但由于受其年利用小时数不高、出力反调峰特性等因素的约束，需对新能源不同装机占比下的电源结构特点及其在电力电量平衡中的作用进行分析。

本部分以某电网为例，调研分析现有电源情况及近年来新能源机组出力数据，重点分析新能源出力特性曲线，挖掘风电和光伏出力年特性、典型日特性、出力概率分布情况，分析风电出力反调峰特性。同时，参考可再生能源消纳责任权重及电力需求发展情况，测算 2030 年多场景下新能源的装机规模情况，提出新型电力系统初级阶段省级电网的电源结构特点。

1.2.1 电源结构现状及规划

截至 2020 年底，某电网发电装机总容量 15896 万 kW，其中燃煤装机 10641 万 kW，水电机组容量 108 万 kW（含抽水蓄能电站 100 万 kW），核电机组容量 250 万 kW，风电机组容量 1795 万 kW，光伏机组容量 2273 万 kW，其他装机 829 万 kW。某省 2020 年电源装机比例情况如图 1-6 所示，其中，燃煤火电占比 66.9%，水电占比 0.7%，核电占比 1.6%，风电占比 11.3%、光伏占比 14.3%，其他装机占比 5.2%。

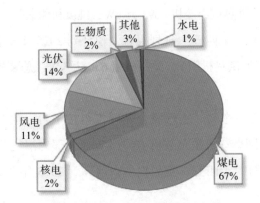

图1-6 某省2020年电源装机比例情况

根据某省电网"十四五"规划报告,预计"十四五"期间投产的大型电源项目共计2164万kW,其中,煤电项目966万kW,核电575万kW,燃气机组293万kW,抽水蓄能330万kW。到2025年,某省装机总容量为21641万kW,其中煤电10971万kW,核电825万kW,气电293万kW,水电及抽水蓄能438万kW,风电2500万kW,光伏5700万kW,生物质(含生物质能)及垃圾400万kW,其他514万kW。某省2025年电源装机比例情况如图1-7所示,其中燃煤火电占比51%,水电占比2%,风电占比12%,光伏占比27%。

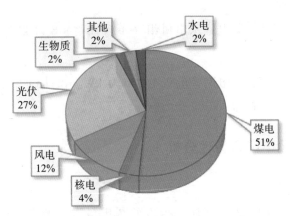

图1-7 某省2025年电源装机比例情况

1. 燃煤机组

截至2020年底,某电网燃煤总装机10641万kW。除孤网电厂及自备电厂外，统调机组中，供热机组装机 5692 万 kW，纯凝机组装机 1189.5 万 kW。

根据某省电网"十四五"规划报告，预计到 2025 年全省新增燃煤装机 966 万 kW（全部为供热机组），关停机组 636 万 kW，总装机 10971 万 kW。

2. 燃气机组

二拖一和一拖一燃气—蒸汽联合循环机组按 1 台（套）机组计，截至 2020 年底，某电网燃气机组总装机 10 万 kW（全部为沼气发电）。

根据某省电网"十四五"规划报告，预计到 2025 年全省新增燃气机组 293 万 kW。

3. 新能源机组

截至 2020 年底，某省风电机组容量 1795 万 kW，光伏机组容量 2272 万 kW（其中分布式光伏 1467 万 kW）。

预计到 2025 年，全省风电装机达到 2500 万 kW，光伏装机达到 5700 万 kW。

4. 抽蓄机组

截至 2020 年底，某电网已投产抽蓄机组 100 万 kW。

"十四五"期间，预计投产 330 万 kW。预计到 2030 年，抽水蓄能装机容量达到 730 万 kW。

5. 其他机组

截至 2020 年底，某电网水电机组（不含抽蓄）8 万 kW。预计"十四五"期间保持不变。

截至 2020 年底，某电网核电机组 250 万 kW。预计到 2025 年，某电网核电机组达到 825 万 kW。

1.2.2 风电出力特性分析

1. 年出力特性

对某电网统调风电场 2016—2020 年风电最大、平均出力占装机容量的比例情况进行了统计（表 1 - 2），2016—2020 年某电网风电年最大出力同时率可达装机容量的 85% 以上，最小出力值为 0，平均值在 8% ~ 21% 之间。

表 1-2　某电网年度风电最大、平均出力占装机的比例

年份	最大值	年最大值发生日期	平均值
2016	0.807	11 月 21 日	0.206
2017	0.819	1 月 19 日	0.083
2018	0.804	4 月 6 日	0.212
2019	0.858	3 月 21 日	0.208
2020	0.814	12 月 29 日	0.199

对某电网统调风电场 2016—2020 年利用小时数进行了统计，见表 1-3，风电年利用小时数均保持在 1700 h 以上，2018—2020 年三年风电利用小时数平均值为 1809 h。

表 1-3　某电网风电年利用小时统计表

年份	2016	2017	2018	2019	2020
利用小时数/h	1808	1727	1856	1825	1746

从图 1-8 可以看出，某电网风电出力季节性明显、短期随机性强。分季节来看，风电出力不同季节变化明显，3 月、4 月全年负荷低谷时段风电大发，7 月、8 月全年负荷较高时段风电小发。

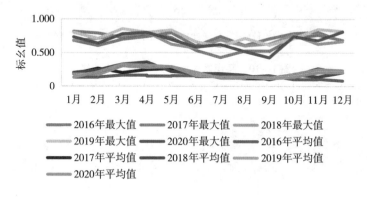

图 1-8　某电网风电全年出力情况

2. 日出力特性

图 1-9 至图 1-13 为 2016—2020 年某电网风电每日最大、最小、平均出力曲线。由图中可以看出，某电网风电历年来春秋季出力整体较大，夏季

出力整体较小,风电日出力波动幅度较大,且没有明显规律可循,与当地风力资源实时情况关系较大。

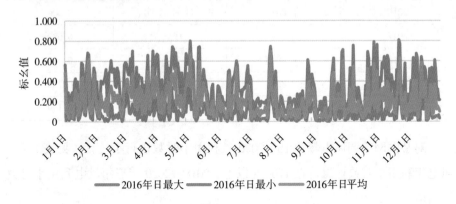

图 1-9 某电网风电 2016 年日出力曲线

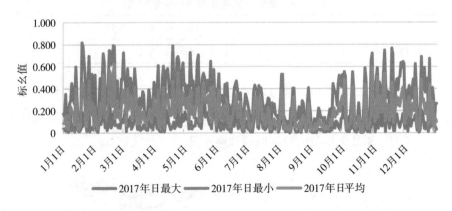

图 1-10 某电网风电 2017 年日出力曲线

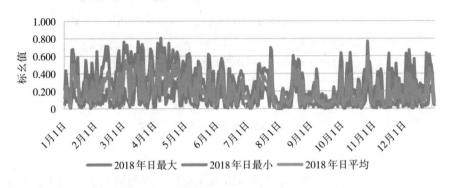

图 1-11 某电网风电 2018 年日出力曲线

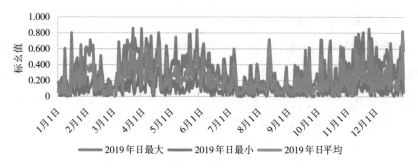

图 1 – 12　某电网风电 2019 年日出力曲线

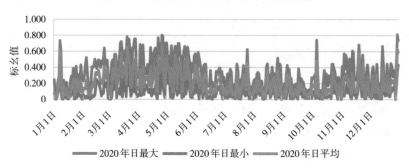

图 1 – 13　某电网风电 2020 年日出力曲线

3. 日最大出力时刻概率分布

对某电网 2016—2020 年风电日最大出力发生时刻进行了统计，图 1 – 14 为某电网风电场日最大出力时刻概率分布情况。从图中可以看出，某电网风电场 0 时和 23 时出现最大出力的概率最大。某电网风电场夜间出力大发，上午出力较低，呈现明显的反调峰特性。

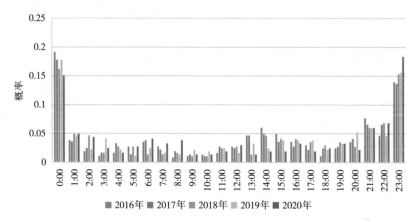

图 1 – 14　某电网风电日最大出力时刻概率分布

4. 全年出力概率分布

对某电网 2016—2020 年风电全年出力概率分布进行了统计,图 1 - 15 为某电网风电全年出力概率分布情况。从图中可以得出,某地区风电场出力大于额定装机容量 50% 的概率基本小于 10% ,大于装机容量 10% 的概率为 65% ,风电全年出力大部分时间集中在装机容量的 20% 以下。

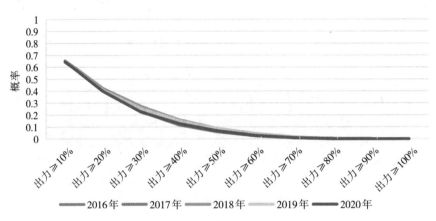

图 1 - 15 某电网风电全年出力概率分布

1.2.3 光伏出力特性分析

1. 光伏年出力特性

对某电网统调光伏电站 2016—2020 年光伏最大出力占装机容量的比例和发生时间情况进行了统计,见表 1 - 4 及图 1 - 16。2016—2020 年某电网光伏年最大出力同时率达到装机容量的 86% 以上,2016—2020 年光伏日出力同时率最大值的平均值在 48% ~ 53% 之间。

表 1 - 4 某电网历年光伏最大电力情况

年份	最大值	年最大值发生日期	日最大值平均值
2016	0.866	1 月 24 日	0.479
2017	0.791	7 月 12 日	0.475
2018	0.731	10 月 1 日	0.47
2019	0.822	4 月 14 日	0.527
2020	0.815	4 月 23 日	0.492

对某电网统调光伏电站 2016—2020 年利用小时数进行了统计（表 1－5），光伏年利用小时数均保持在 1200 h 以上，近三年光伏利用小时数平均值为 1262 h。

表 1－5　某电网光伏年利用小时统计表

年份	2016	2017	2018	2019	2020
利用小时数/h	1216	1226	1204	1353	1231

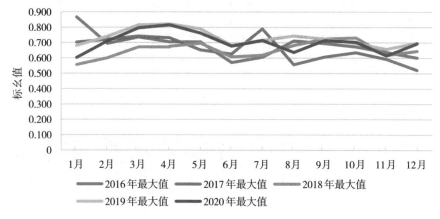

图 1－16　某电网光伏全年出力情况

2. 日出力特性

图 1－17 至图 1－21 为 2016—2020 年某电网光伏日最大出力曲线。由图可以看出，某电网光伏历年来春秋季出力整体较大，冬季出力整体较小。图1－22 为某电网光伏日出力特性曲线，由图可以看出，光伏日出力有明显的规律性，中午出力较大，傍晚出力较小，夜间没有出力。

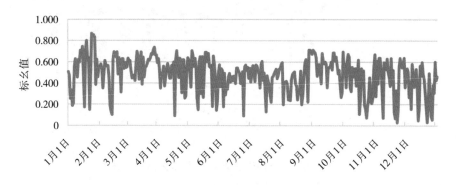

图 1－17　某电网光伏 2016 年日最大出力曲线

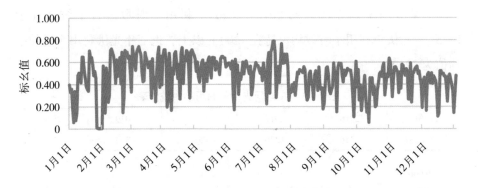

图 1-18　某电网光伏 2017 年日最大出力曲线

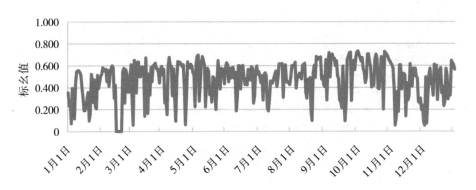

图 1-19　某电网光伏 2018 年日最大出力曲线

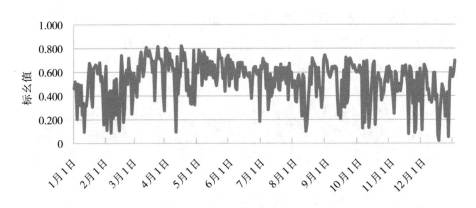

图 1-20　某电网光伏 2019 年日最大出力曲线

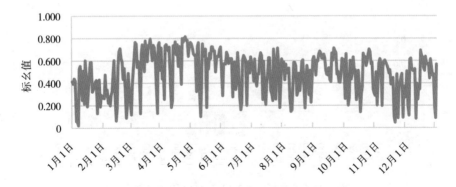

图 1-21 某电网光伏 2020 年日最大出力曲线

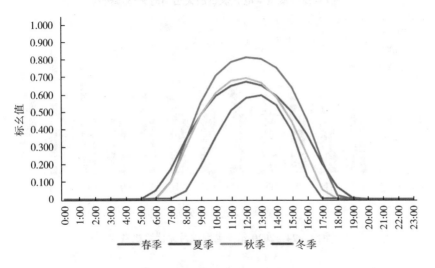

图 1-22 某电网光伏日出力曲线

3. 日最大出力时刻概率分布

对某电网 2016—2020 年光伏日最大出力发生时刻进行了统计, 如图 1-23 所示。从图中可以看出, 中午 12 时日最大出力出现的概率最高, 在 50% 以上; 出现在 11 时和 13 时的概率为 20% 左右。由此可知, 某电网光伏电站出力大发时间为中午的 12 时。

从图 1-24 可以看出, 某省分布式电源装机占比较大, 且 2020 年装机规模增长迅速。午间光伏大发时, 由于分布式光伏目前无法集中调度, 会形成午间净负荷低谷, 影响日负荷分布特性, 增大系统调峰难度。

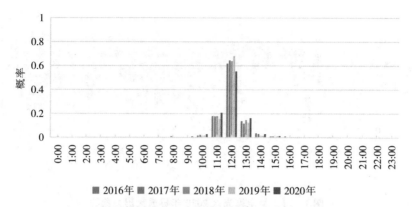

图 1-23　某电网电光伏日最大出力时刻概率分布

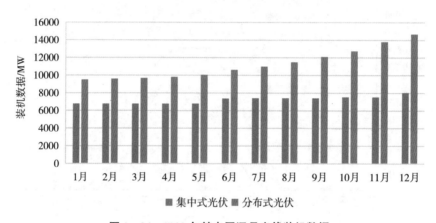

图 1-24　2020 年某电网逐月光伏装机数据

1.2.4　2030 年电源结构特点分析

根据某电网"十四五"发展规划，预计到 2025 年地区电源装机规模将超过 2.1 亿 kW，全省最大负荷、用电量分别达到 1.45 亿 kW、8600 亿 kW·h。具体各类型电源装机及结构占比如图 1-25 所示。

国家电网有限公司在《构建以新能源为主体的新型电力系统行动方案（2021—2030 年）》中明确指出，在 2021—2035 年建设期内，新能源装机将逐步成为第一大电源，常规电源逐步转变为调节性和保障性电源；在 2036—2060 年成熟期内，新能源将逐步成为电力电量供应主体。在这一建设目标的指引下，以风电、光伏为代表的新能源将持续快速发展。同时考虑到新能源的反调峰特性和出力波动性等特点，系统的调节性电源也将与新能源协同发展。某省"十五五"期间预计新增核电约 1230 万 kW、抽蓄约 300 万 kW。

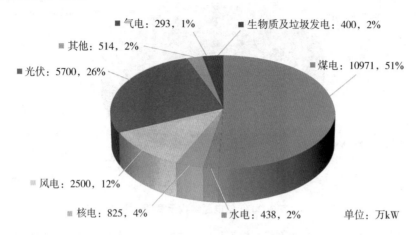

图 1 – 25　某省 2025 年电源装机比例情况

国家能源局在《关于征求 2021 年可再生能源电力消纳责任权重和 2022—2030 年预期目标建议的函》中，对各省区 2030 年可再生能源电力消纳责任权重给出了明确的目标建议值。结合现状情况分析，水电受建设条件、建设周期等因素的制约，水电发展必然与风电、光伏等新能源在发展速度和体量规模上存在较大差距。在满足可再生能源电力总量消纳责任权重要求时，新能源发电量仍将发挥重要作用。

综上，参考可再生能源消纳责任权重指标要求及某省电力规划发展情况，拟从满足非水消纳责任权重目标、满足总量消纳责任权重目标两个发展阶段，对不同新能源装机占比下 2030 年某省电源结构特点进行分析。

1. 基本场景

边界条件：在 2025 年规划电源结构基础上，"十五五"期间常规电源中仅考虑新增核电 1230 万 kW、抽蓄 300 万 kW，计及特高压及省间联络线受进电力中可再生能源部分，满足可再生能源电力非水消纳责任权重 25.7% 的预期目标。

在上述条件下，经测算 2030 年某电网电源装机总容量约为 29969 万 kW，其中风电 5570 万 kW、光伏 9427 万 kW。具体各类型电源装机容量及占比如

图 1-26 所示。

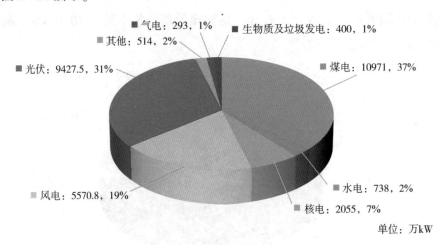

图 1-26 某省 2030 年电源结构示意图（基本场景）

此情景下，风、光新能源装机占比约 50%，非水可再生能源电量占比 25.7%，可再生能源总电量占比约 27%。经电力平衡分析，高峰时段某省电力缺口约 1800 万 kW。经全年电量平衡分析，在风、光发电量全额消纳情况下，某省电量溢出约 557.5 亿 kW·h，根据图 1-27 可知某省溢出电量占此情景下风、光发电总量的 25%。

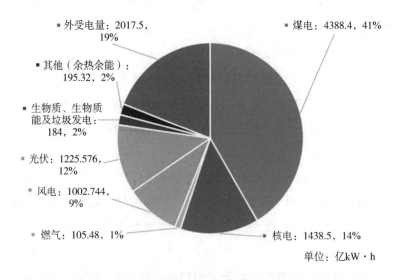

图 1-27 某省 2030 年电量占比示意图（基本场景）

2. 加速场景

边界条件：在 2025 年规划电源结构基础上，"十五五"期间常规电源中仅考虑新增核电 1230 万 kW、抽蓄 300 万 kW，不考虑省外受进电力中可再生能源部分，满足可再生能源电力非水消纳责任权重 25.7% 和总量消纳责任权重 40% 的预期目标。

在上述条件下，经测算 2030 年某电网电源装机总容量约为 41248 万 kW，其中风电 9760 万 kW、光伏 16517 万 kW。具体各类型电源装机容量及占比如图 1-28 所示。

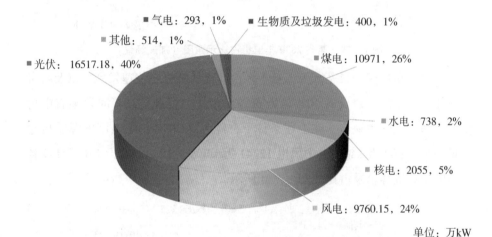

气电：293，1%   生物质及垃圾发电：400，1%

其他：514，1%

光伏：16517.18，40%

煤电：10971，26%

水电：738，2%

核电：2055，5%

风电：9760.15，24%

单位：万kW

图 1-28　某省 2030 年电源结构示意图（加速场景）

此情景下，风、光新能源装机占比约 63.7%，非水可再生能源电量占比 39%，可再生能源总电量占比约 40%。经电力平衡分析，高峰时段某省电力缺口约 660 万 kW。经全年电量平衡分析，在风、光发电量全额消纳情况下，某省电量溢出约 245.9 亿 kW·h，根据图 1-29 可知某省溢出电量占此情景下风、光发电总量的 7%。

通过不同场景电源结构分析得出，某电网在消纳责任权重约束条件下，2030 年以风、光为主的新能源装机将逐步成为第一大电源，光伏发电装机规模有望首次超过煤电。

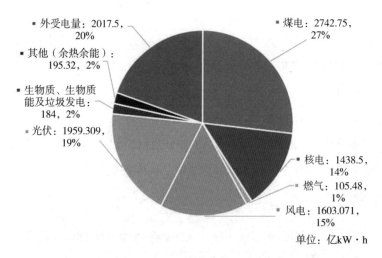

图 1-29 某省 2030 年电量占比示意图（加速场景）

因此，在加速场景基础上，基于风电、光伏装机超快速发展，以及将考虑新能源场站配套建设的 10% 储能资源作为调节资源，高峰时段某省电力供需均衡，无电力缺口。在上述条件下，经测算 2030 年某电网电源装机总容量约为 47900 万 kW，其中风电 12241 万 kW、光伏 20688 万 kW。具体各类型电源装机容量及占比如图 1-30 所示。

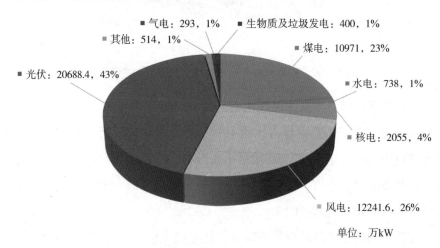

图 1-30 某省 2030 年电源结构示意图（超快速场景）

通过上述不同场景下电源结构电力平衡分析，可以看出 2030 年某电网高峰时段均存在不同程度的电力缺口，这也表明新能源的快速发展需要有相应规模的储能资源与之相配合，以满足地区电力安全可靠供应的要求。

此情景下，风、光新能源装机占比约 68.8%，非水可再生能源电量占比约 49%，可再生能源总电量占比约 50%。经全年电量平衡分析，在风、光发电量全额消纳情况下，某省电量溢出约 479.4 亿 kW·h，根据图 1-31 可知某省溢出电量占此情景下风、光发电总量的 10%。

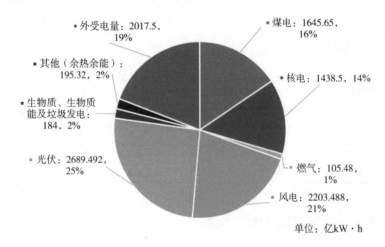

图 1-31　某省 2030 年电量占比示意图（超快速场景）

考虑到新能源发展受地区资源禀赋、行业产能等诸多条件的影响，同时储能等灵活性调节资源的不断发展，本书以基础场景、加速场景为重点研究边界，超快速场景仅作为后续展望。

1.3　新型电力系统电力需求分析

在构建新型电力系统过程中，负荷侧受分布式能源、可调节负荷的双重影响，已不再呈现传统刚性、纯消费型特点，负荷的灵活多变使得电力需求预测难度显著增加，而电力需求预测又是电源合理运行、电网科学调度的基础。

本部分以某电网为例，调研分析电力需求现状及发展预测情况，分析 2016—2020 年负荷特性曲线，挖掘负荷年特性、日特性、日最大最小负荷值、峰谷差率等负荷特性。同时，参考某电网中长期规划，分析 2030 年某电网的用电需求及负荷水平，提出新型电力系统初期阶段某电网的负荷结构特点和电力需求预测情况。

1.3.1 电力需求及负荷结构现状

2020 年，某省全社会最大负荷、用电量分别达到 1.144 亿 kW、6940 亿 kW·h，"十三五"时期年均增速分别为 6.6%、4.5%。全社会用电量方面，第一产业用电量为 96 亿 kW·h，占比 1.38%；第二产业用电量为 5392 亿 kW·h，占比 77.69%；第三产业用电量为 726 亿 kW·h，占比 10.46%，见表 1-6。

表 1-6   2020 年全社会用电量情况

产业	电量/亿 kW·h	增速/%	占比/%
第一产业	96	11.9	1.38
第二产业	5392	1.1	77.69
第三产业	726	2.7	10.46
居民生活	726	4.4	10.46

1.3.2 负荷特性分析

2020 年某电网统调负荷最大值为 8201.6 万 kW，发生在 8 月 18 日；统调负荷最小值为 2698.8 万 kW，发生在 2 月 4 日；最大峰谷差为 2561.8 万 kW，发生在 8 月 17 日。

1. 年出力特性

经过分析 2016—2020 年的某电网负荷数据，绘制某电网的年负荷特性曲线，如图 1-32 所示。

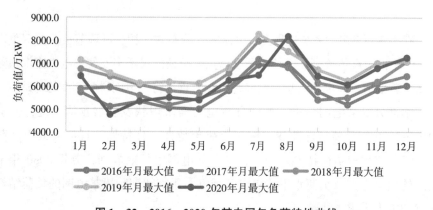

图 1-32   2016—2020 年某电网年负荷特性曲线

可以看出，某省受当地气候影响，四季分明，年负荷曲线呈现明显的夏（7月、8月）、冬（1月、12月）季高峰和春秋季低谷特征。

2. 日出力特性

某电网2016—2020年夏季和冬季典型日负荷特性曲线如图1-33和图1-34所示。

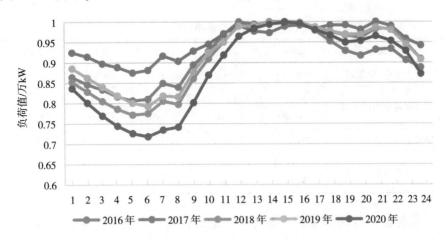

图1-33　某电网夏季典型日负荷特性曲线

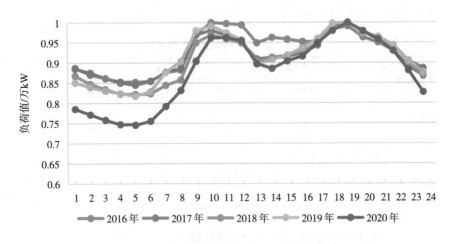

图1-34　某电网冬季典型日负荷特性曲线

由日负荷曲线可见，某电网日负荷曲线出现多个负荷高峰，夏季负荷曲线日间相对较平坦，这主要是由于近年来经济持续快速增长，居民生活水平显著提高，工作生活环境不断改善，降温负荷持续增加造成的；冬季负荷呈现明显的双峰双谷特性，负荷高峰多出现在 9：00 ~ 12：00 和 18：00 ~ 20：00 左右。

3. 最大、最小负荷情况

对某电网 2016—2020 年逐日 24 时负荷数据进行分析，对年最大、最小负荷值及其出现时刻进行计算统计，见表 1 – 7。

表 1 – 7　年最大、最小负荷情况表

年份	2016	2017	2018	2019	2020
年最大负荷值/万 kW	6958.25	7166.9	8010.31	8267.98	8201.6
最大负荷值出现时刻	8 月 12 日 14：00	7 月 24 日 12：00	8 月 7 日 13：00	7 月 25 日 13：00	8 月 18 日 14：30
年最小负荷值/万 kW	2646.37	2968.12	3151.5	3251.89	2698.8
最小负荷值出现时刻	2 月 11 日 4：00	1 月 29 日 4：00	2 月 18 日 4：00	2 月 6 日 4：00	2 月 4 日 4：15

根据表 1 – 7 可以看出，某电网年最大负荷多出现在夏季中午和下午，此时降温负荷较多，而年最小负荷多出现在凌晨。进一步对比夏季、冬季的最大负荷情况，见表 1 – 8。

表 1 – 8　夏季、冬季最大负荷情况表

年份	2016	2017	2018	2019	2020
夏季最大负荷值/万 kW	6958.25	7166.9	8010.31	8267.98	8201.6
最大负荷值出现时刻	8 月 12 日 14：00	7 月 24 日 12：00	8 月 7 日 13：00	7 月 25 日 13：00	8 月 18 日 14：30
冬季最大负荷值/万 kW	6022.68	6438.37	7074.8	7129.3	7319.8
最大负荷值出现时刻	12 月 29 日 10：00	12 月 14 日 10：00	12 月 28 日 18：00	1 月 11 日 11：00	12 月 30 日 17：45

对某电网 2016—2020 年逐日 24 时负荷数据进行分析，对日内最大、最小负荷发生时刻进行分布统计，如图 1 – 35、图 1 – 36 所示。

可以看出，某电网日负荷曲线出现多个负荷高峰，最大负荷发生时间主要集中在 11：00、15：00 和 18：00；某电网最小负荷一般出现在 4：00 左右。根据负荷数据分析，在 2019 年有 13 天的最小负荷出现在 12：00 ~

13：00，2020 年有 69 天的最小负荷出现在 12：00～13：00。最大负荷时刻已出现从午间向晚间转变的趋势，午间出现日最小负荷的时间有所增加。

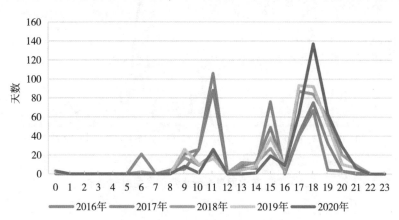

图 1－35　日最大负荷出现的时刻分布

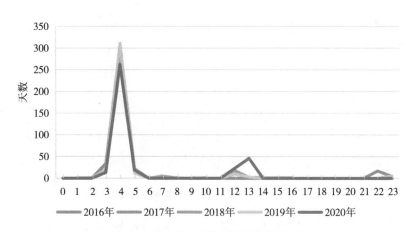

图 1－36　日最小负荷出现的时刻分布

进一步，对某电网夏季（7 月、8 月）、冬季（11 月、12 月）日最大负荷发生时刻进行统计，具体分布如图 1－37、图 1－38 所示。

通过分析可以看出，某电网夏季最大负荷发生时刻分布范围较宽，从11：00～21：00，均可能出现当日最大负荷。其中，出现在 15：00～17：00的天数较多，且夏季负荷高峰有从午间向晚间变化的趋势。与夏季相比，冬季的最大负荷发生时刻分布相对集中，主要集中在 9：00～11：00 和17：00～18：00 两个时段。

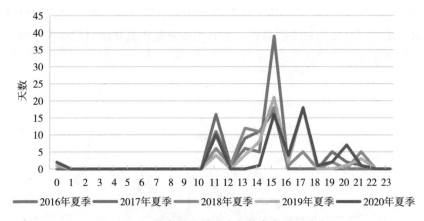

图 1-37 某电网夏季最大负荷发生时刻分布

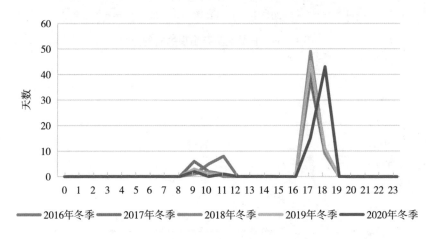

图 1-38 某电网冬季最大负荷发生时刻分布

可以看出，由于近年来光伏装机持续增加，特别是分布式光伏的迅速增长，午间出力大发时，对日间负荷特性影响较大，会有部分时间的最小负荷出现在白天，且出现在白天的时间呈增多趋势。

1.3.3 2030 年电力需求及负荷结构预测

根据某省电网"十四五"规划报告，预计到 2025 年，某省全社会最大负荷、用电量预计分别达到 1.45 亿 kW、8600 亿 kW·h，"十四五"年均增速分别为 4.9%、4.4%。根据中长期规划，预计到 2030 年，全社会最大负荷、用电量预计分别达到 1.718 亿 kW、10000 亿 kW·h。

2021—2025 年,某省各产业用电量预测和占比情况如图 1-39、图 1-40 所示。

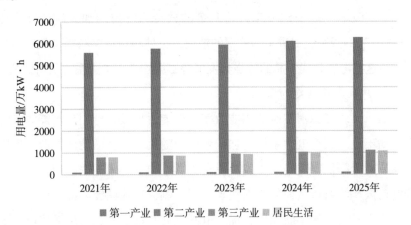

图 1-39 2021—2025 年某省各产业用电量预测

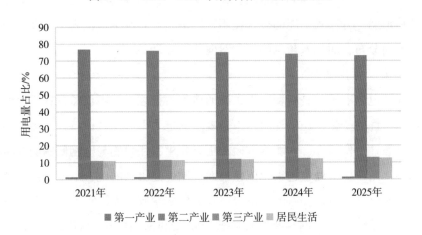

图 1-40 2021—2025 年某省各产业用电量占比预测

从产业结构来看,工业占比一直高于全国平均水平。预计"十四五"期间,第二产业用电占比保持在 70% 以上。到 2030 年,负荷结构将会呈现以下特点。

1. 负荷结构更加多元化

在双碳目标的驱动下,新型电力系统的负荷结构将更加多元化,"以电代油""以电代煤"的电能替代发展战略将陆续落实。以新能源汽车、电采暖为代表的电力产品将逐渐抢占传统高排放产品的市场。根据中汽协统计显示，截至 2021 年 5 月底，我国新能源汽车保有量达到 580 万辆，预计未来 5 年，新能源汽车产销增速将保持在 40% 以上。另一方面，中央财政对"煤改气""煤改电"等清洁取暖改造政策的扶持力度持续加大，打破了传统"以热定电"的规则，促进了新能源的消纳，也使热负荷参与需求侧响应成为了可能。这些电能替代产品的的强势发展势必影响未来电力系统负荷曲线。

2. 用户双向互动更加深入

目前，某省能源消费侧的用能效率和电能占比较低，用户与能源系统之间的互动不足。新型电力系统更加依赖出力随机性较强的清洁能源，发电侧灵活调节能力降低，需要大力发展储能建设，并深入挖掘用户侧调节潜力。随着电动汽车等新型负荷的不断涌现、用户侧分布式储能的推广应用、电力市场现货交易机制的不断完善，提升电网供需互动水平是实现新型电力系统高效运转的客观要求和必要基础。灵活深入的供需互动将改变新型电力系统的负荷形态，分布式储能的接入使用户从消费者转变为产消者，负荷不再是单一流向分布，而是参与电网侧的双向能量互动。

3. 负荷特性更加复杂

高度电力电子化是新型电力系统的典型特征之一，不仅体现在发电侧电源动态特性的变化，还呈现出越来越复杂的电力电子化负荷特性。为满足用户在可靠性、便捷性、效能等方面的更高要求，用户侧与电网侧的交互将越来越多，用户接口处也越来越依赖辅助控制性能更高的电力电子设备，如电动汽车充电站、轨道交通牵引系统、写字楼变频制冷系统等。同样，为适应新型电力系统"源—网—荷"设备快速更新和即插即用的需求，未来配电网基础设施建设也更倾向于采用以电力电子技术为基础的综合解决方案，如直流配电网、微电网、云储能等。这些变化势必造成负荷侧逐渐走向高度电力电子化，使负荷特性更加复杂。

1.4 新型电力系统网架结构分析

在构建新型电力系统过程中，电网形态和运行特性将发生深刻变化。以逐级输电为主的传统电网将逐步向能源互联网转变，源随荷动的实时平衡模式也被打破，逐渐形成源网荷储协同互动的非完全实时平衡模式。在这一变化过程中，由于我国不同地区的资源禀赋差异明显、能源消费特点不尽相同，大电网的资源配置能力将发挥关键作用，从而实现各类能源互通互济、灵活转换、高效利用。

本部分以某电网为例，调研分析区外电力交换情况、输电通道情况以及区外电力联络线运行特性等跨省、跨区域电力通道现状及规划情况，分析2030 年某电网在新型电力系统初期阶段的网架结构特点。

1.4.1　电网区域交换现状

某电网"十三五"期间，建成特高压变电站 5 座，换流站 2 座，新增变电（换流）容量 3600 万 kV·A（2000 万 kW），线路长度 3445 km（交流2317 km、直流 1128 km），形成"五交两直一环网"特高压骨干网架。2020年底某省电网规模见表 1 – 9。

表 1 – 9　2020 年底某省电网规模

电压等级/kV	变电站（座）	变电容量/(MV·A)	长度/km
1000	5	36000	2589
500	57	101250	10629
220	451	168810	30031
110（35）	3202	30031	61500

截至目前，某电网已覆盖全省各地市，形成以 30 万 kW、60 万 kW 和100 万 kW 级发电机组为主力机型，7 处特高压落点，500 kV 为某电网主网架、220 kV 为市域电网主网架，发、输、配电网协调发展的大容量、高参数、高自动化的大型电网，特高压落点均深入了负荷中心，以特高压和大型电源为中心，优化网架结构，形成了"多点互济、全网平衡"的供电格局。

1.4.2　2030 年网架结构分析

结合某经济形势"新常态"和能源环境变化，根据国务院大气污染防治行动计划关于调整煤电布局、促进可再生能源发展要求，以相关规划导则为依据，综合考虑清洁能源快速发展、电铁建设全面加快等电网发展中出现的新变化，某电网注重外电入省与主网架发展的紧密衔接，以适应新型电力系统建设要求。

根据相关研究，在某电网外电和新能源占比持续提升情况下，由于省内常规电源不足，特高压系统支撑能力较弱，某电网面临的稳定问题将更加复杂。由此预测 2030 年，随着清洁电源基地、风光储输一体化基地等的发展建设，特高压网架结构将进一步优化调整，实现能源资源在全省乃至区域电网范围内的优化配置。

1.5　新型电力系统储能发展趋势分析

各种类型的储能作为平抑能源供需变化、支撑电量非实时平衡的重要资源，其规模组成、运行特性对以新能源为主体的新型电力系统可靠、高效、灵活运行产生重大影响。抽水蓄能电站成熟可靠、规模可观，具备调峰、调频、调相、储能、事故备用和黑启动等多重功能作用。《抽水蓄能中长期发展规划（2021—2035 年）》明确指出，应规尽规，能开快开，加快建设一批生态友好、条件成熟、指标优越的抽水蓄能电站。电化学储能在过去十年间技术不断进步，目前全国已达到 GW 级装机，未来伴随技术更新、成本下降，其将在新型电力系统中扮演越发重要的角色；其他新型储能诸如压缩空气储能、氢燃料电池储能等技术，目前仍处于发展初期，短期内难以具备技术经济优势，其将在 2036—2060 年新型电力系统成熟期逐步发挥支撑作用。

本部分以某电网为例，调研某抽水蓄能电站在调峰、调频、系统备用等不同工况下的运行情况，分析在抽蓄服务电网中发挥的作用。同时，调研某电网储能发展规划，梳理不同类型储能（抽水蓄能、电化学储能、其他新型储能技术等）发展方向、规划容量、配置结构等，总结 2030 年某电网在新型电力系统初期阶段的储能发展趋势。

1.5.1 储能发展现状及运行特点

目前某省电网储能规模为 172.61 万 kW。已投产抽水蓄能电站 160 万 kW；已投运的新型储能项目 12.61 万 kW（含电化学储能 11.61 万 kW 和压缩空气储能 1 万 kW），其中独立运行的储能电站 1.16 万 kW，其余 11.45 万 kW 装机规模均来自光伏电站配建。在建抽水蓄能电站 540 万 kW。如图 1 - 41 所示。

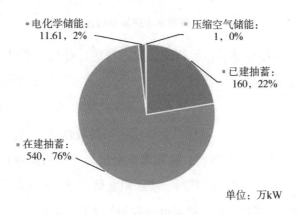

图 1 - 41 某省储能装机示意图

由此可见，某省储能资源以抽水蓄能电站为主，通过对某抽水蓄能电站的运行情况进行分析，可进一步了解某地区储能在系统运行中的作用。

2020 年某抽水蓄能电站四台机组全年累计抽水负荷运行 1443 次，其中抽水调相转抽水负荷 953 次，停机变抽水负荷 490 次。全年抽水运行时间累计达到 2004 h，其中，单台机组抽水负荷运行时间占比约为 54.8%，两台机组同时抽水占比约为 23.1%，三台机组同时抽水占比约为 11.6%，四台机组同时抽水占比约为 10.5%，如图 1 - 42 所示。从抽蓄机组发电调峰运行曲线来看，发电调峰多为电站参与抽水调峰前进行准备，其他时间则是为在电网用电负荷高峰时段参与顶峰运行。2020 年 2 月 8 日在 2020 年发电量最大，全天累计发电电量约为 742.8 万 kW·h，24 小时内发电运行时间约为 10 h，该日为典型的由于需要抽水调峰而发电，即进行抽水前的放水准备。

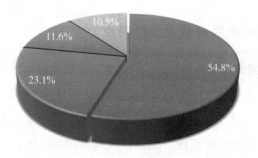

单台机组 ■两台机组 ■三台机组 ■四台机组

图 1-42 同时抽水调峰机组台数比较

对 2020 年全年电站抽水运行的时间进行统计分析，可以看出，电站抽水运行的时间多分布于凌晨时段和中午时段。抽水运行最频繁的时段为 12~14 时，占抽水运行总时间的 22.4%，其次为 2~4 时，占比达到 14.6%，如图 1-43 所示。这也是全网用电负荷较低的时段，因此抽蓄电站抽水运行时间与全网用电负荷、新能源发电出力叠加的低谷时段基本吻合，为电网发挥着重要的填谷调峰作用，缓解用电负荷与新能源波动带来的干扰，支撑电网维持电力实时平衡。抽蓄电站参与抽水调峰的时段明显集中分布于 0~6 时、10~16 时，全年约 81.8% 的调峰时间出现在该时段，这与用电负荷以及新能源出力的特性有关，体现出抽蓄机组对于电网电力实时平衡的作用。

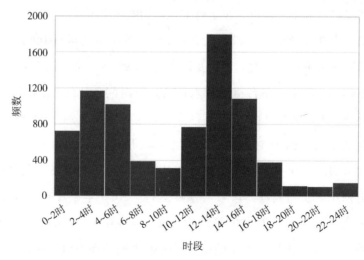

图 1-43 电站抽水运行时段分析

某抽水蓄能电站在某电网充分发挥了抽蓄机组调峰填谷、调频调相、紧急事故支撑等重要作用。随着新能源装机容量快速增长，某电网电源结构持续调整优化，同时也给电网安全运行带来挑战。抽水蓄能电站在参与新能源消纳，配合特高压运行等方面也发挥了重要作用。从抽蓄机组运行方式来看，由于某地区光伏发电容量大，调峰压力主要集中在光伏大发的 12～14 时及夜间风电大发时段，所以在以上时段均需抽水蓄能电站以抽水工况运行，以确保新能源电力的消纳。

1.5.2　2030 年储能结构分析

根据调研情况，某电网储能从规模上仍将以抽水蓄能电站开发为主，同时积极引导电化学储能及其他新型储能快速发展。

1. 抽水蓄能电站

某省"十四五"期间，抽水蓄能电站预计投产 330 万 kW。预计到 2030 年，抽水蓄能装机容量将达到 730 万 kW，还将重点推进 520 万 kW 抽水蓄能电站的前期工作。

2. 电化学储能

在过去的十年中，我国电化学储能发展迅速，锂离子电池产能规模稳居世界第一。到 2019 年，投运电池储能站已超 1.7 GW。其中磷酸铁锂系统寿命 3000～3500 次，电池成本下降超 80%，度电成本 0.6～0.8 元/kW·h，已在规模化储能电站、电动汽车等领域得到了广泛应用。

2021 年某省印发《关于开展储能示范应用的实施意见》，提出通过开展试点示范促进新型储能技术研发和创新应用，首批公示了 5 个调峰类项目，装机容量共 50 万 kW；2 个调频类项目，装机容量共 1.8 万 kW；同时完善激励政策，提出风电、光伏发电项目按比例要求配建或租赁储能示范项目的，优先并网、优先消纳。到 2025 年，计划建设 450 万 kW 左右的新型储能设施。

3. 其他新型储能

结合目前调研收资情况，某省在其他新型储能方面重点关注压缩空气储能及氢燃料电池两个方向。某压缩空气储能电站一期规划建设 5 万 kW，已建成投运 1 万 kW。

由此判断，2030 年某省储能资源仍将以抽水蓄能电站为主，电化学储能占比有望逐步提升，其他新型储能尚难以形成规模化应用。

第2章 抽水蓄能对新能源不同占比下
新型电力系统调峰需求响应的分析

2.1 系统对抽蓄的调峰需求分析

根据负荷和新能源预测出力序列，模拟各发电机组的运行状况，将系统负荷、新能源出力、发电机组出力作为随时间变化的时间序列，系统负荷与机组出力之间的平衡关系作为平衡约束，得到最优新能源年度计划指标。

本章以某电网为例，通过日电力平衡模型和时序生产运行模拟，得出全年调节缺口时长、调节缺口最大发生日及时刻、弃电量等系统运行特性，开展系统的调峰需求分析。

2.1.1 系统调峰需求计算方法与模型

电力系统调峰能力是指系统跟随负荷变化的能力。新能源大规模并网后，风光的不确定性大幅增加了系统的负荷峰谷差，严重制约着新能源的消纳能力。当风电和光伏电源占系统总电源装机比例较小时，电力系统能够充分接纳风电和光伏并网发电；而当风电和光伏达到一定规模后，由于风电和光伏电源具有间歇性、波动性以及不可调度性等特点，对其消纳空间的探究，除需考虑必要的激励性政策措施之外，还要考虑电力系统的电源结构、电网状况、负荷特性等客观条件。目前主流调峰方式是利用电源侧火电机组进行系统调峰。但随着光伏渗透程度逐渐加深，由于火电机组调峰容量不足且深度调峰经济性较低，会降低火电机组的调峰积极性，使得系统调峰压力进一步加剧。

目前，在计算电网调峰需求时，较为常用方法主要为电力系统生产运行模拟。电力系统生产运行模拟从电力电量平衡角度进行考虑，既可以分析全年 8760 h 的新能源消纳情况，也可以选择典型日单独进行分析。常规机组的最小技术出力之和与发电负荷之间的区域理论上为新能源消纳的最大空间。如果新能源出力增大，为保障新能源消纳，可以通过降低常规机组出力的方式，为新能源提供相应的消纳空间；如果常规机组出力已降至最小技术出力，而新能源仍然不能完全消纳，为保证电网电力平衡，则会对新能源进行弃电。根据上述原理，可以考虑通过降低常规机组最小技术出力，扩大机组调节范围，进而提升新能源消纳能力。因此，部分地区采用火电灵活性改造技术，通过降低火电机组的出力下限，提升当地的新能源消纳能力。特别是对于北方地区，由于冬季需要保障供暖，因此每天需投入大量供热机组，而供热机组的出力下限通常较高，可调节范围较小，导致冬季新能源消纳空间较小，进而导致弃电情况较为严重。

1. 电力系统生产运行模拟原理

在进行电力系统生产运行模拟分析时，需根据实际边界条件及研究对象，建立时序生产模拟模型，电力系统生产运行模拟原理如下：根据负荷和新能源预测出力序列，模拟各发电机组的运行状况；将系统负荷、新能源出力、发电机组出力作为随时间变化的时间序列；系统负荷与机组出力之间的平衡关系作为平衡约束，得到最优新能源年度消纳能力及弃电率指标。电力系统生产运行模拟曲线示意图如图 2-1 所示。

为了最大程度的模拟系统实际的调度运行情况，时序电力系统生产运行模拟方法需要综合考虑以下因素。

（1）发电机组的类型，支持煤电、燃机、抽蓄等多种电源运行方式。火电区分是否供热，考虑最大最小出力约束及最小开停机时间和爬坡约束；抽水蓄能区分机组类型，考虑出力约束、电量平衡以及蓄水量约束，所有机组指定出力曲线与指定开停机状况。

（2）系统调度运行约束。基于时序负荷曲线，引入以一日为单位的机组组合模型，考虑系统调度运行中的各种约束条件，如机组调峰约束、机组的启停约束、网络约束等，体现电力系统实际运行的约束。

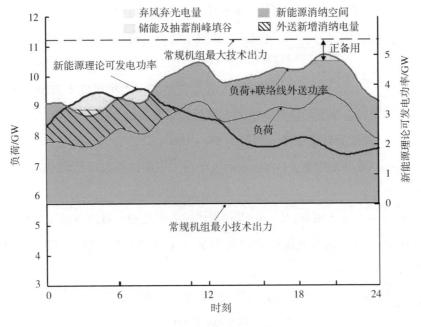

图 2-1　生产模拟曲线示意图

（3）系统内外电力交换通道约束。在运行模拟模型中，既要考虑到系统内区域间交换功率的约束，又要考虑各个区域的外来协议送受电约束。该机制的引入真实反映了电网网架约束和地方送受电协议对系统运行的影响。

（4）引入新能源切除机制。在给定风电/光伏预测出力曲线的基础上，合理优化开机组合，最大程度促进风电和光伏消纳，以减少弃风弃光电量。但在系统调峰能力不足或新能源送出受阻的情况下，需切除部分新能源出力。该机制的引入使模型能够真实反映系统承载大规模可再生能源的能力。

2. 电力系统生产运行模型

结合以上约束，时序电力系统生产运行模拟模型数学表达说明如下。

1）参数说明

输入参数说明：

$P_{w,t}^z$——z 区域所有风电机组第 t 时段预测总体出力；

$P_{pv,t}^z$——z 区域所有光伏电站第 t 时段预测总体出力；

$P_{ot,t}^z$——z 区域所有其他电源第 t 时段预测总体出力；

L_t^z——z 区域第 t 时段所有固定用电负荷；

$P_{G,i,max}^z$、$P_{G,i,min}^z$——z 区域火电机组 i 的最大最小出力;

$P_{pst,i,min}^z$、$P_{pst,j,max}^z$——z 区域抽蓄机组 j 的出力限制,最小值为负,最大值为正;

$\Delta P_{l,min}^z$、$\Delta P_{l,max}^z$——z 区域第 l 条电力交换联络线功率最大值和最小值,可有正有负,正值表示往外送电力,负值表示受入电力;

γ——系统旋转备用率,一般为 8% ~ 10%;

β_w——风电备用率,$1 - \beta_w$ 表示风电纳入平衡的系数即预测准确率(置信水平);

β_{pv}——光伏备用率,$1 - \beta_{pv}$ 表示光伏纳入平衡的系数即预测准确率;

$Q_{H,h}^z$——z 区域水电机组 h 的水库总量(已转换为能量),可一天也可一周是一个固定值;

Δp_i^{up}、Δp_i^{down}——火电机组 i 单位时段最大升出力/降出力;

t_i^{on}、t_i^{off}——火电机组 i 最短开机/停机时间;

$Q_{pst,h,up}^z$、$Q_{pst,h,down}^z$——z 区域抽蓄机组 h 上下水库约束,上水库设为正值,下水库设为负值;

λ_j——抽蓄机组 j 抽水发电转换效率,一般是 0.75 表示抽 3 发 4,可设置松弛系数。

中间计算量:

$L_{d,max}^z$——z 区域第 d 天的最大负荷,一天有 24 个时段只有一个最大负荷;

$t - max$——一天内最大负荷出现的时刻;

$P_{w,t-max}^z$——$t - max$ 时刻区域 z 的风电机组出力;

$P_{pv,t-max}^z$——$t - max$ 时刻区域 z 的光伏机组出力;

$P_{H,h,t-max}^z$——$t - max$ 时刻区域 z 的水电机组出力;

$P_{ot,t-max}^z$——$t - max$ 时刻区域 z 的其他电源出力。

变量说明:

$P_{G,i,t}^z$——z 区域火电机组 i 第 t 时段安排出力;

$k_{i,t}^z$——z 区域火电机组 i 第 t 时段的开停机情况,0 表示停机,1 表示开机,一天 24 小时内只能是 0 或 1,日间可以有变化,但是以 7 天内不变为优先;

$k_{w,t}^z$——z 区域第 t 时段风电实际出力系数，$1-k_w^z$ 表示 z 区域风电弃风率；

$k_{pv,t}^z$——z 区域第 t 时段光伏实际出力系数，$1-k_{pv}^z$ 表示 z 区域光伏弃光率；

$P_{H,h,t}^z$——z 区域水电机组 h 第 t 时段安排的出力，为正；

$P_{pst,j,t}^z$——z 区域抽蓄机组 j 第 t 时段安排的出力，有正有负，正值表示发电，负值表示抽水。若发电标记为 $P_{pst,j,t,fadian}^z$，则抽水标记为 $P_{pst,j,t,choushui}^z$；

$\Delta P_{l,t}^z$——z 区域第 l 条线路第 t 时段的交换功率，有正有负，正值表示外送，负值表示受入。以 A 区为例，有三条外送线路均为正值，分别为 ΔP_1、ΔP_2、ΔP_3。

2）电源调节能力特性模型

（1）火电运行特性模型：

①火电机组出力限制：

$$P_{G,i,min}^z \leqslant P_{G,i,t}^z \leqslant P_{G,i,max}^z，i=1，2，\cdots，n^z \qquad (2-1)$$

②火电机组爬坡约束：

该约束在保证机组开机时相邻两时段出力爬坡速率限制的同时，还保证机组开机（状态由 0 变为 1）后第一时段的出力以及停机（状态由 1 变为 0）之前最后一个时段的出力为机组的最小出力。

出力上升或开机：

$$P_{G,i,t}^z - P_{G,i,t-1}^z + k_{i,t}^z(P_{G,i,max}^z - P_{G,i,min}^z) + k_{i,t-1}^z(P_{G,i,min}^z - \Delta p_i^{up}) \leqslant P_{G,i,max}^z$$

出力下降或停机：

$$P_{G,i,t-1}^z - P_{G,i,t}^z + k_{i,t-1}^z(P_{G,i,max}^z - P_{G,i,min}^z) + k_{i,t}^z(P_{G,i,min}^z - \Delta p_i^{down}) \leqslant P_{G,i,max}^z$$

$$t=2，3，\cdots，T \qquad (2-2)$$

③火电机组最小开停机时间约束：

$$(k_{i,t}^z - k_{i,t-1}^z)t_{-t}^{on} + \sum_{j=t-t_i^{on}-1}^{t-1} k_{i,j}^z \geqslant 0，表示停机前持续运行时间$$

$$(k_{i,t-1}^z - k_{i,t}^z)t_{-i}^{off} + \sum_{j=t-t_i^{off}-1}^{t-1} (1-k_{i,j}^z) \geqslant 0，表示开机前持续停机时间$$

$$t=1，2，\cdots，T \qquad (2-3)$$

（2）抽水蓄能机组运行特性模型：

①抽蓄机组出力约束：

对于定速抽水蓄能机组，抽水时运行范围为阶跃。

$$\begin{cases} 0 \leqslant P_{\mathrm{pst},j,t}^{z} \leqslant P_{\mathrm{pst},j,\max}^{z}, & \text{当 } P_{\mathrm{pst},j,t}^{z} \geqslant 0 \text{ 表示需要发电} \\ 0 \text{ 或 } P_{\mathrm{pst},j,\min}^{z}, & \text{当 } P_{\mathrm{pst},j,t}^{z} \leqslant 0 \text{ 表示需要抽水} \end{cases} \quad j=1,2,\cdots,m^{z}$$

$$(2-4)$$

②抽蓄蓄水量约束：

$$E_{t+1} = E_t + \Delta t \left(\eta_{\mathrm{p}} P_{\mathrm{p},t} - \frac{P_{\mathrm{h},t}}{\eta_{\mathrm{h}}} \right) \qquad (2-5)$$

$$E_{\min} \leqslant E_t \leqslant E_{\max} \qquad (2-6)$$

③抽蓄抽发比例约束：

方式一：对于日调节水库，一天内水电抽发比有限制。

$$\sum_{t=1}^{24} abs\left(P_{\mathrm{pst},j,t,\mathrm{fadian}}^{z} \big/ P_{\mathrm{pst},j,t,\mathrm{choushui}}^{z} \right) \approx \lambda_j, \quad j=1,2,\cdots,m^{z} \quad (2-7)$$

方式二：对于周调节水库，一周内水电抽发比有限制。

$$\sum_{t=1}^{24 \times 7} abs\left(P_{\mathrm{pst},j,t,\mathrm{fadian}}^{z} \big/ P_{\mathrm{pst},j,t,\mathrm{choushui}}^{z} \right) \approx \lambda_j, \quad j=1,2,\cdots,m^{z} \quad (2-8)$$

（3）电化学储能特性模型：

①功率约束：

电化学储能具有调节灵活、响应时间短（毫秒级）、充放电转换速度快（毫秒到秒级）、能量密度大、维护成本低等优点，是大容量储能技术的重要发展方向。电化学储能在工作中需要满足一定的功率约束，即充放电功率不能超过额定功率。

$$-P_{\mathrm{bess}}^{\text{额定}} \leqslant P_{\mathrm{bess}}^{\mathrm{fd}}(t) \leqslant P_{\mathrm{bess}}^{\text{额定}} \qquad (2-9)$$

式中，$P_{\mathrm{bess}}^{\mathrm{cd}}(t)$ 为储能充电功率；$P_{\mathrm{bess}}^{\mathrm{fd}}(t)$ 为储能放电功率；$P_{\mathrm{bess}}^{\text{额定}}$ 为额定功率。

②电量约束：

电化学储能在充放电过程中需要保证其荷电状态（SOC）在允许范围内，每次工作结束，需要对电量进行累加：

$$SOC(t) = SOC_{t-1} - \frac{\int P_{\text{bess}}(t)\,\mathrm{d}t}{E_{\text{m}}} \tag{2-10}$$

$$SOC_{\min} \leqslant SOC(t) \leqslant SOC_{\max}$$

式中，SOC 表征的是储能的电量情况，因此储能在工作过程中，电量不能超过允许的最大值 $SOC_{\max}$ 和最小值 $SOC_{\min}$。

（4）常规水电运行约束：

水电机组出力约束：

$$P_{\text{H},h,\min}^{z} \leqslant P_{\text{H},h,t}^{z} \leqslant P_{\text{H},h,\max}^{z}, \quad h = 1, 2, \cdots, H^{z} \tag{2-11}$$

方式一：一天内水电出力有限制 $\sum_{t=1}^{24} P_{\text{H},h,t}^{z} \leqslant Q_{\text{H},h}^{z}$，$h = 1, 2, \cdots, H^{z}$。

方式二：一周内水电出力有限制 $\sum_{t=1}^{24 \times 7} P_{\text{H},h,t}^{z} \leqslant Q_{\text{H},h}^{z}$，$h = 1, 2, \cdots, H^{z}$。

（5）区域间送受电通道约束

$$\Delta P_{1,\min}^{z} \leqslant \Delta P_{1,t}^{z} \leqslant \Delta P_{1,\max}^{z}, \quad l = 1, 2, \cdots, L^{z} \tag{2-12}$$

3）电力平衡与调峰平衡约束

①电力平衡约束：

$$\sum_{i=1}^{n^{z}} P_{\text{G},i,t}^{z} \times k_{i,t}^{z} + P_{\text{w},t}^{z} \times k_{\text{w},t}^{z} + P_{\text{pv},t}^{z} \times k_{\text{pv},t}^{z} + \sum_{j=1}^{m^{z}} P_{\text{pst},j,t}^{z} + \sum_{h=1}^{H^{z}} P_{\text{H},h,t}^{z} + P_{\text{ot},t}^{z} =$$

$$L_{t}^{z} + \sum_{l=1}^{L^{z}} \Delta P_{1,t}^{z}, t = 1,2,\cdots,T; z = A,B,C,D \tag{2-13}$$

②调峰约束（按天考虑）：

$$\sum_{i=1}^{n^{z}} P_{\text{G},i,\max}^{z} \times k_{i,t}^{z} \geqslant (1 + \gamma) L_{\text{d},\max}^{z} + \sum_{l=1}^{L^{z}} \Delta P_{1,\max}^{z} - (1 - \beta_{\text{w}}) \times P_{\text{w},t\text{-max}}^{z} +$$

$$(1 - \beta_{\text{pv}}) \times P_{\text{pv},t\text{-max}}^{z} - \sum_{j=1}^{m^{z}} P_{\text{pst},j,\max}^{z} - \sum_{h=1}^{H^{z}} P_{\text{H},h,t\text{-max}}^{z} - P_{\text{ot},t\text{-max}}^{z}$$

$$t = 1,2,\cdots,T; z = A,B,C,D \tag{2-14}$$

注：该式右侧为开机需求，表示负荷 + 备用 + 交换功率 − 置信风电出力 − 置信光伏出力 − 抽蓄最大值 − 其他电源实时出力。因为每天有一个开机需求，所以负荷为日最大负荷，风电、光伏、水电及其他出力为最大负荷出现时分别对应的值。

4）目标函数

目标函数为分区的总弃风光率最低，以四分区为例，目标函数为：

$$\begin{cases} F = \min \sum_{z=A}^{D} F_z \\ F_z = \sum_{t=1}^{8760} \left[\left(1 - k_{w,t}^z \right)^2 + \left(1 - k_{pv,t}^2 \right)^2 \right] \end{cases} \qquad (2-15)$$

在风电及光伏高比例并网的电力系统中,采用电力系统生产运行模拟,进行电网全年逐小时电力电量平衡,通过优化开机组合获取常规机组上、下调节能力时序序列,模拟不同的装机规模、电网架构等条件下的年度新能源消纳情况;通过模拟新能源弃电率等指标研究电网调峰需求,为新能源年度运行方式、产业发展规划及电网建设规划提供参考依据。

2.1.2 系统调峰能力需求现状分析

1. 分布式光伏出力对负荷特性的影响

选取某省 2020 年春季典型日,结合逐月分布式装机、光伏出力特性、省调负荷特性,可近似还原出扣除分布式光伏出力前的负荷数据,进而可以分析分布式光伏对负荷特性带来的影响。

从图 2 – 2 中可以看出,还原分布式光伏出力后,原负荷日最大值为 5565.9 万 kW,发生在 11 时;日最小值为 4620.7 万 kW,发生在 4 时。由于分布式光伏的作用,系统负荷特性变化明显,省调负荷日最大值为 5272.2 万 kW,发生在 19 时;日最小值为 4423 万 kW,发生在 13 时。

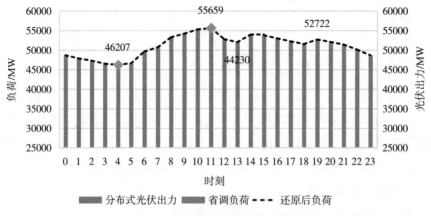

图 2 – 2 分布式光伏对系统负荷的影响

午间分布式光伏大发时，系统负荷下降较多，午间负荷由原始的高峰时段变为低谷时段，而晚间变为新的负荷高峰时段，负荷的高峰和低谷时段均发生了变化，峰谷差率也同样产生了变化。对 2020 年某省调负荷和还原后负荷的日峰谷差进行计算统计，全年省调负荷峰谷差比还原后负荷的日峰谷差大的情况有 20 天，说明由于分布式光伏出力的影响，全年有 20 天出现午间负荷低谷低于夜间低谷的情况。未来随着分布式光伏的迅速发展，分布式光伏出力对负荷波动的影响将更加明显，大大增加了午间系统调峰灵活性的难度。

2. 集中式新能源出力对系统调峰的影响

对于某省 2020 年春季典型日，结合逐时省调负荷特性、风电光伏出力特性，可进一步分析集中式风电光伏对系统调峰带来的影响。

从图 2-3 中可以看出，0~6 时和 18~23 时风电消纳压力较大，7~17 时光伏出力带来新的调峰需求，特别是 13 时左右，新能源出力总体较大，当日 13 时集中式风电光伏总出力约 1261 万 kW，净负荷峰谷差约为 1860 万 kW，为省调负荷峰谷差的 2.2 倍。

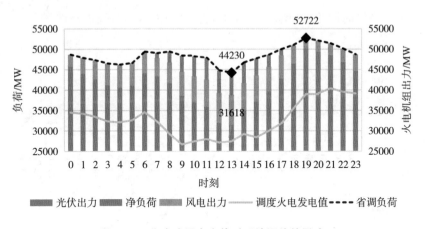

图 2-3 集中式风电光伏对系统调峰的影响

进一步对比当日还原分布式光伏后的负荷与净负荷曲线，从图 2-4 中可以看出，峰谷差率由原来的 17% 提高到 37%。新能源出力的不确定性和午间出力的集中性大大增加了系统的调峰压力，特别是午间的调峰压力，因此，若要消纳午间的风电光伏，需要依靠抽蓄机组快速投入抽水运行状态来缓解调峰问题。

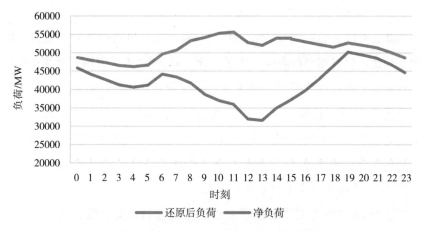

图 2 – 4　新能源出力对负荷特性的影响

图 2 – 5 表示当日某抽蓄运行情况，可以看出为缓解午间调峰压力，某抽蓄在当日 13：00 系统调峰需求最大时满功率抽水运行，但由于目前机组数量较小，输出功率约为集中式风光出力的 8%，抽水状态从 10 时开始持续 5 个小时。从抽蓄的运行时间可以看出，0 ~ 2 时低谷电价时段和 19 ~ 22 时负荷晚高峰时段为发电状态，和午间长时间抽水运行提供条件。

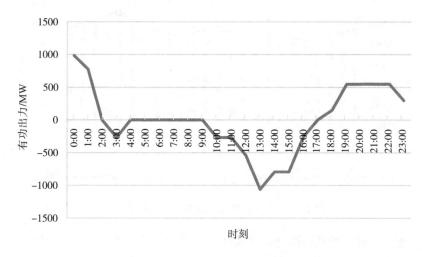

图 2 – 5　某电站典型日出力情况

2.1.3　新型电力系统调峰能力需求分析

以某电网为例，结合 2030 年负荷预测和多场景电源结构场景，利用逐时生产运行模拟软件，分析新型电力系统调峰需求。基本场景中电源装机总容量约为 29969 万 kW，其中风电 5570 万 kW、光伏 9427 万 kW；加速场景中电源装机总容量约为 41248 万 kW，其中风电 9760 万 kW、光伏 16517 万 kW。

1. 典型日调峰需求分析

从图 2-6 可以看出，春季整体负荷偏小，而风电光伏出力较大，系统负荷高峰出现在晚间。由于集中式风电光伏的作用，用电负荷日峰谷差率为 12.6%，净负荷峰谷差率为 66%，此时若考虑通道电量、核电、火电（最小出力）等其他电源，如需消纳全部风电光伏，在午间将有最大约 3600 万 kW 的调峰需求；如需消纳 90% 的风电光伏，将有最大约 3000 万 kW 的调峰需求。

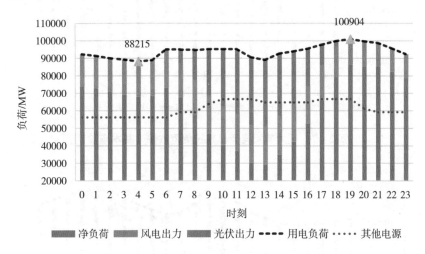

图 2-6　春季典型日系统负荷特性（基本场景）

从图 2-7 可以看出，夏季大负荷期间，系统负荷较高，但午间负荷水平仍然较低，风电出力较小，用电负荷日峰谷差率为 13.6%，净负荷峰谷差率为 50.7%，相对春季调峰压力有所减小。此时若考虑通道电量、核电、火电（最小出力）等其他电源正常运行，如需消纳全部风电光伏，在午间将有最大约 2800 万 kW 的调峰需求；如需消纳 90% 的风电光伏，将有最大约 2500 万 kW 的调峰需求。

从图 2-8 可以看出，冬季大负荷期间，系统有上午和晚间负荷双高峰，冬季风电出力较大，光伏在午间 12 时左右集中出力较大，用电负荷日峰谷差率为 22.7%，净负荷峰谷差率为 69.9%，调峰压力变大。冬季为供暖期，火电最小出力有所增加，此时若考虑通道电量、核电、火电（最小出力）等其他电源正常运行，如需消纳全部风电光伏，在午间将有最大约 4500 万 kW 的调峰需求；如需消纳 90% 的风电光伏，将有最大约 3700 万 kW 的调峰需求。

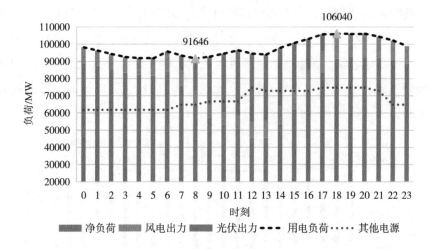

图 2-7　夏大期间典型日系统负荷特性（基本场景）

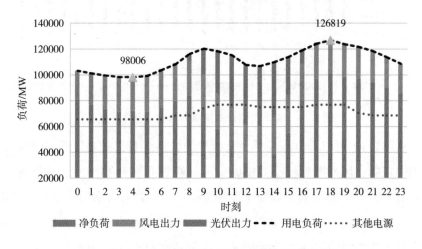

图 2-8　冬大期间典型日系统调峰需求（基本场景）

在加速场景中，若新能源装机规模进一步增加，甚至出现新能源出力大于系统用电负荷的情况，新能源消纳带来的调峰压力也将进一步增大。因此，运用逐时生产运行模拟分析模型，针对基本场景和加速场景，开展新型电力系统调峰需求分析。

2. 全年调峰需求分析

利用生产运行模拟模型，计算按以下原则开展：

（1）负荷曲线结合某电网历史负荷特性和 2030 年用电负荷最大值预测数据。

（2）根据某电网历史新能源出力特性，结合 1.2.4 章节中新能源不同占比下的装机容量预测情况，推算基本情景和加速情景下 2030 年某电网风电及光伏出力曲线。

（3）开机安排原则。在供热期（1 月 1 日—3 月 15 日、11 月 16 日—12 月 31 日）热电机组开机需满足能监局发布的供热机组最小方式核定文件要求，不在核定文件中的机组根据电网安全稳定要求安排最小开机方式，在供热期内，优先安排供热机组开机。

（4）机组调峰能力。根据某省火电灵活性改造情况，设定 2030 年某电网火电机组经灵活性改造后，非供热机组最小出力为装机的 30%，供热机组非供热期最小出力为装机的 30%，供热初末期最小出力为装机的 40%，供热中期最小出力为装机的 45%。

（5）联络线安排情况原则。在过年小负荷期间，为满足开机平衡，只保留输送电力负荷和一半特高压交流下送某电网的电力负荷。

（6）一般在日前平衡中备用容量按最大负荷的 2% ~ 5% 考虑，由于风电、光伏出力预测的不确定性，需单独考虑备用容量，故此处旋转备用率按 2% 计取。

（7）考虑到风电、光伏出力具有预测不准确性，故将日平衡中高峰负荷时刻风电、光伏的预测出力的 50% 列为备用容量。

（8）根据调峰平衡计算得到调峰缺口，根据对应时刻的风电、光伏出力水平，按比例计算需弃风、弃光的容量，并对全年弃电量进行累计，计算年弃电率、弃风率和弃光率。

3. 基本情景结果分析

以基本情景为例，计算结果见表 2-1、表 2-2 和图 2-9。

表 2-1 2030 年某电网调峰需求计算结果 (基本场景)

调峰缺口时长/h	调峰缺口最大值/万 kW	弃电量/亿 kW·h	弃电率/%	弃光率/%	弃风率/%
2263	7094	408.72	20.28	29.58	11.00

表 2-2 2030 年某电网调峰缺口统计情况 (基本场景)

调峰缺口分布区间/万 kW	发生小时数/h	概率/%	累计概率/%
$P=0$	6497	74.17	74.17
$0<P\leq709.4$	562	6.42	80.58
$709.4<P\leq1418.8$	452	5.16	85.74
$1418.8<P\leq2128.2$	413	4.71	90.46
$2128.2<P\leq2837.6$	372	4.25	94.70
$2837.6<P\leq3547$	222	2.53	97.24
$3547<P\leq4256.4$	119	1.36	98.60
$4256.4<P\leq4965.8$	72	0.82	99.42
$4965.8<P\leq5675.2$	36	0.41	99.83
$5675.2<P\leq6384.6$	13	0.15	99.98
$6384.6<P\leq7094$	2	0.02	100.00

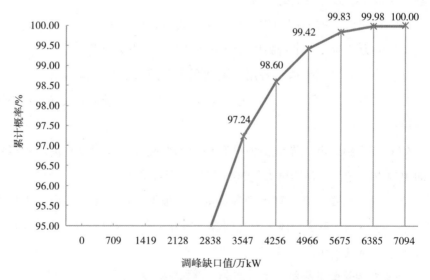

图 2-9 2030 年某电网调峰缺口概率分布向上累计图 (基本场景)

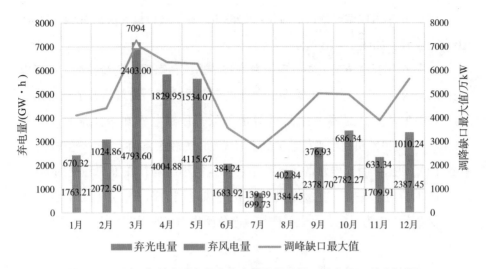

图 2-10 2030 年某电网各月弃电电量及调峰缺口最大值（基本场景）

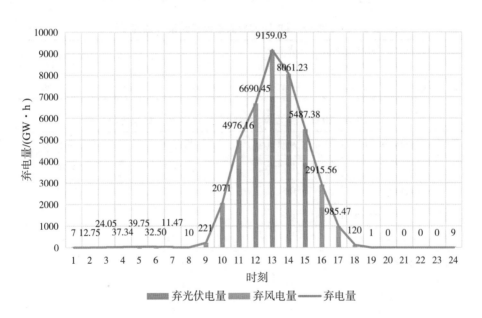

图 2-11 2030 年某电网分时弃电电量统计情况（基本场景）

根据 2030 年基本场景的调峰需求计算结果，得出以下几点结论。

（1）新能源（风电、光伏）年弃电量为 408.72 亿 kW·h，弃电率约为 20.28%。根据风电与光伏的实时出力进行折算后，弃光率约为 29.58%，弃风率约为 11%。

（2）全年出现调峰缺口的时长为 2263 h，其中缺口最大值为 7094 万 kW，出现在 3 月，如图 2 - 10 所示。

（3）全年弃电情况主要出现在春季和冬季，春季整体负荷较低，而风电光伏出力较高，冬季由于供暖期，常规机组出力较高，为新能源消纳带来压力。其中 2 月尤其是春节期间负荷水平低，月弃电率在全年居首，约为 45.1%，3 月虽然负荷水平仍然较低，但风光出力较大，调峰缺口峰值较大。

（4）根据分时弃电量的统计结果可知，每小时均存在不同程度的弃电。11 ~ 16 时弃电水平高，主要是此时光伏与风电同时高发，产生较大弃电水平，凌晨弃电均为风电，弃电程度与风电夜间出力水平关联较大，如图 2 - 11 所示。

4. 加速情景结果分析

以加速情景为例，计算结果见表 2 - 3、表 2 - 4 和图 2 - 12。

表 2 - 3　2030 年某电网调峰需求计算结果（加速场景）

调峰缺口时长/h	调峰缺口最大值/万 kW	弃电量/亿 kW·h	弃电率/%	弃光率/%	弃风率/%
3965	14004	1447.77	39.48	54.53	23.28

表 2 - 4　2030 年某电网调峰缺口统计情况（加速场景）

调峰缺口分布区间/万 kW	发生小时数/h	概率/%	累计概率/%
$P = 0$	4795	54.74	54.74
$0 < P \leqslant 1400.43$	1157	13.21	67.95
$1400.43 < P \leqslant 2800.86$	629	7.18	75.13
$2800.86 < P \leqslant 4201.29$	634	7.24	82.36
$4201.29 < P \leqslant 5601.72$	532	6.07	88.44
$5601.72 < P \leqslant 7002.15$	477	5.45	93.88
$7002.15 < P \leqslant 8402.58$	294	3.36	97.24
$8402.58 < P \leqslant 9803.01$	128	1.46	98.70
$9803.01 < P \leqslant 11203.44$	81	0.92	99.62
$11203.44 < P \leqslant 12603.87$	27	0.31	99.93
$12603.87 < P \leqslant 14004.3$	6	0.07	100.00

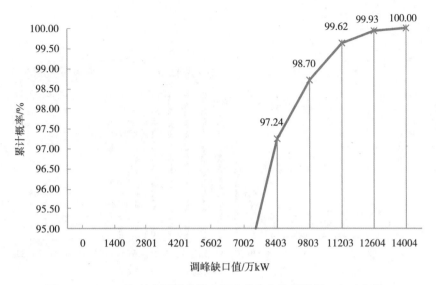

图 2-12 2030 年某电网调峰缺口概率分布向上累计图（加速场景）

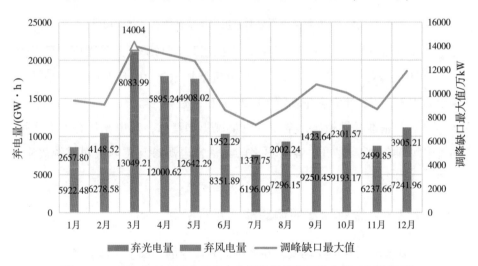

图 2-13 2030 年某电网各月弃电电量及调峰缺口最大值（加速场景）

根据 2030 年加速场景的调峰需求计算结果，得出以下几点结论。

（1）新能源（风电、光伏）年弃电量为 1447.77 亿 kW·h，弃电率约为 39.48%。根据风电与光伏的实时出力进行折算后，弃光率约为 54.53%，弃风率约为 23.28%。

（2）全年出现调峰缺口的时长为 3965 h，其中缺口最大值为 14004 万 kW，出现在 3 月，如图 2-13 所示。

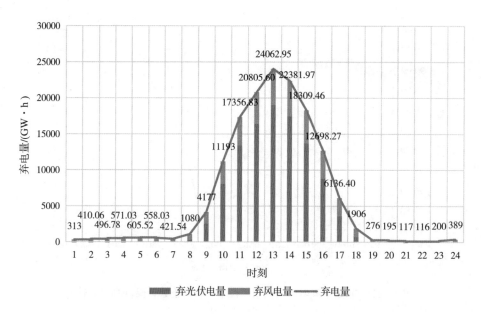

图 2 – 14 2030 年某电网分时弃电电量统计情况 (加速场景)

(3) 与基本场景相比，年调峰缺口时长增加 1702 h，调峰缺口最大值增加 6910 万 kW，增涨 97.4%；年弃电量增加 1039.05 亿 kW·h，是基本场景的约 3.5 倍；年弃电率增涨 19.2%，已接近 40%。

(4) 与基本场景相比，全年弃电情况更加严重，其中光伏弃电大大增加，午间调峰时长约 7 h，需要更多的灵活性电源参与调峰应对系统需求，如图 2 – 14 所示。

2.1.4 系统对抽蓄的调峰能力需求分析

针对基本场景和加速场景，在系统调峰需求的基础上，综合考虑进一步提升火电灵活性改造能力、电化学储能发展规划等系统其他灵活性资源，分析多情景下系统对抽水蓄能调峰能力的需求。

1. 系统灵活性资源配置原则

(1) 抽水蓄能装机容量按照 730 万 kW 全部投产运行。

(2) 进一步提升火电灵活性改造能力，设定 2030 年某电网火电机组经灵活性改造后，供热初末期最小出力进一步提升至装机的 30%，供热中期最小出力进一步提升至装机的 40%。

（3）建立独立储能共享和储能优先参与调峰调度机制，新能源场站原则上配置不低于 10% 储能设施。

2. 基本情景对抽蓄调峰需求分析

根据以上原则，增加系统本身调节资源后基本情景下系统对抽蓄的调峰需求计算结果见表 2-5、表 2-6 和图 2-15。

表 2-5　2030 年某电网调峰需求计算结果（基本场景提升）

调峰缺口时长/h	调峰缺口最大值/万 kW	弃电量/亿 kW·h	弃电率/%	弃光率/%	弃风率/%
1281	5674	157.48	7.81	11.38	4.25

表 2-6　2030 年某电网调峰缺口统计情况（基本场景提升）

调峰缺口分布区间/万 kW	发生小时数/h	概率/%	累计概率/%
$P=0$	7479	85.38	85.38
$0<P≤567.39$	448	5.11	90.49
$567.39<P≤1134.78$	282	3.22	93.71
$1134.78<P≤1702.17$	202	2.31	96.02
$1702.17<P≤2269.56$	125	1.43	97.44
$2269.56<P≤2836.95$	94	1.07	98.52
$2836.95<P≤3404.34$	57	0.65	99.17
$3404.34<P≤3971.73$	39	0.45	99.61
$3971.73<P≤4539.12$	23	0.26	99.87
$4539.12<P≤5106.51$	4	0.05	99.92
$5106.51<P≤5673.9$	6	0.07	100.00

考虑新型电力系统本身调节资源后，根据 2030 年基本场景的调峰需求计算结果，得出以下几点结论。

（1）新能源（风电、光伏）年弃电量为 157.48 亿 kW·h，弃电率约为 7.81%。根据风电与光伏的实时出力进行折算后，弃光率约为 11.38%，弃风率约为 4.25%。

（2）全年出现调峰缺口的时长为 1281 h，其中缺口最大值为 5674 万 kW，出现在 4 月，如图 2-16 所示。

（3）全年弃电情况主要出现在春季和秋季，春秋季风光出力较大而负荷相对较小。

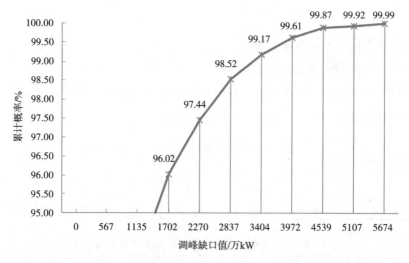

图 2-15 2030 年某电网调峰缺口概率分布向上累计图（基本场景提升）

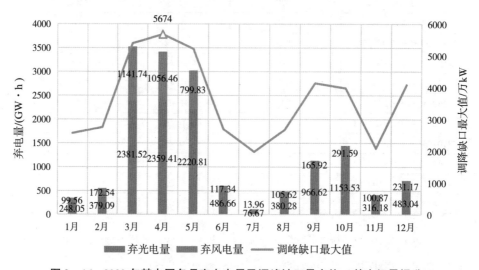

图 2-16 2030 年某电网各月弃电电量及调峰缺口最大值（基本场景提升）

（4）根据分时弃电量的统计结果，弃电时段主要集中在中午，11～16 时弃电水平高，夜间由于抽蓄和电化学储能的作用，没有明显弃电，如图 2-17 所示。

从全年风电和光伏弃电情况可以看出，考虑应用部分系统调峰手段后，全年整体调峰需求和新能源弃电率有所下降，但调峰缺口的峰值仍然较高，午间调峰需求的时段也仍然保持在 6 h 左右。

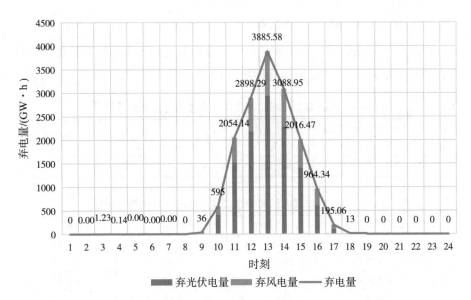

图 2-17　2030 年某电网分时弃电电量统计情况（基本场景提升）

进一步，选取春季调峰缺口较大时期典型日，结合用电负荷特性、各类机组出力曲线以及新能源出力情况，深入挖掘系统对抽蓄的调峰需求。

由图 2-18 可以看出，春季午间是系统调峰需求较高的时段，从 8～17 时调峰需求将持续 9 h。考虑到目前电化学储能普遍充电时间为 2 h，抽蓄在午间将至少承担 7 h 的调峰需求响应，图中的典型日抽蓄在午间需要运行 9 h。同时，在夜间，抽蓄将持续发电运行，一是填补风光出力的不足，二是为第二天午间抽水运行提供足够的空间。

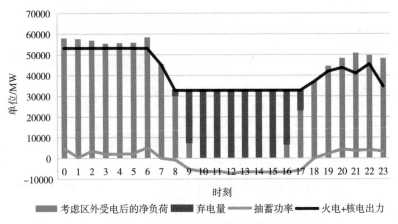

图 2-18　春季典型日调峰需求分析（基本场景提升）

3. 加速情景对抽蓄调峰需求分析

根据以上原则，增加系统本身调节资源后加速情景下系统对抽蓄调峰需求计算结果见表2-7、表2-8和图2-19。

表2-7　2030年某电网调峰需求计算结果（加速场景提升）

调峰缺口时长/h	调峰缺口最大值/万kW	弃电量/亿kW·h	弃电率/%	弃光率/%	弃风率/%
3374	13032	1035.23	26.88	37.00	14.92

表2-8　2030年某电网调峰缺口统计情况（加速场景提升）

调峰缺口分布区间/万kW	发生小时数/h	概率/%	累计概率/%
$P=0$	5386	61.48	61.48
$0<P\leqslant1303.22$	1142	13.04	74.52
$1303.22<P\leqslant2606.44$	576	6.58	81.10
$2606.44<P\leqslant3909.66$	487	5.56	86.66
$3909.66<P\leqslant5212.88$	458	5.23	91.88
$5212.88<P\leqslant6516.1$	340	3.88	95.76
$6516.1<P\leqslant7819.32$	181	2.07	97.83
$7819.32<P\leqslant9122.54$	93	1.06	98.89
$9122.54<P\leqslant10425.76$	74	0.84	99.74
$10425.76<P\leqslant11728.98$	16	0.18	99.92
$11728.98<P\leqslant13032.2$	7	0.08	100.00

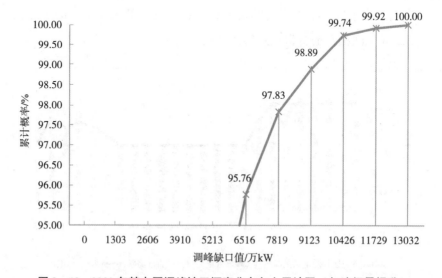

图2-19　2030年某电网调峰缺口概率分布向上累计图（加速场景提升）

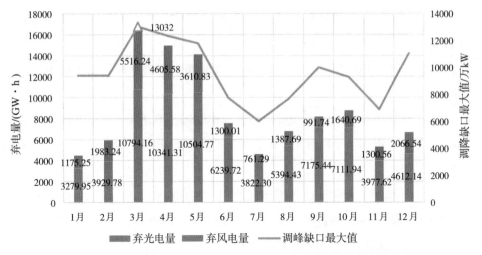

图 2 - 20　2030 年某电网各月弃电电量及调峰缺口最大值（加速场景提升）

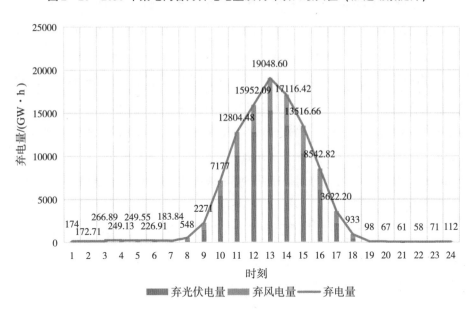

图 2 - 21　2030 年某电网分时弃电电量统计情况（加速场景提升）

考虑新型电力系统本身调节资源后，根据 2030 年基本场景的调峰需求计算结果，得出以下几点结论。

（1）新能源（风电、光伏）年弃电量为 1035.23 亿 kW·h，弃电率约为 26.88%。根据风电与光伏的实时出力进行折算后，弃光率约为 37%，弃风率约为 14.925%。

（2）全年出现调峰缺口的时长为 3374 h，其中缺口最大值为 13032 万 kW，出现在 3 月，如图 2 – 20 所示。

（3）全年弃电情况主要出现在春季和秋季，春秋季风光出力较大而负荷相对较小。

（4）根据分时弃电量的统计结果，弃电时段主要集中在中午，11~16 时弃电水平高，夜间由于抽蓄和电化学储能的作用，没有明显弃电，如图 2 – 21 所示。

从全年风电和光伏弃电情况可以看出，考虑应用部分系统调峰手段后，全年整体调峰需求和新能源弃电率有所下降，但调峰缺口的峰值仍然较高，午间调峰需求的时段也仍然保持在 8 h 左右。

从午间的调峰缺口可以看出，现有的抽水蓄能规划建设的机组功率和电站容量仍然难以满足新型电力系统调峰缺口，抽蓄机组在午间调峰需求较高时并不能长时间满功率抽水运行。

在新型电力系统中，随着风电光伏容量的迅速增加，系统的调峰需求将更加突出。一方面，午间光伏出力大大增加，为了保证新能源消纳，系统午间调峰需求将进一步增加；另一方面，在晚间负荷高峰时段，光伏几乎没有出力，由于火电装机容量并未明显增加，若风电出力不及预期，常规电源出力将可能不满足系统负荷高峰时的需求，需要依靠抽蓄发电运行缓解调峰压力。

2.2 多情景调节需求下抽水蓄能的调峰能力分析

2.2.1 抽蓄机组运行特性分析及模型建立

1. 定速抽水蓄能机组技术特性分析

抽水蓄能机组的运行特性和常规水电机组类似，发电和抽水运行功率主要由水流量、水头或扬程高度决定，可表示如下：

$$P_{\mathrm{p}} = \rho g h Q_{\mathrm{p}} / \eta_{\mathrm{p}} \qquad (2-16)$$

$$P_{\mathrm{h}} = \rho g h Q_{\mathrm{h}} / \eta_{\mathrm{h}} \qquad (2-17)$$

式中，P_{p}、P_{h} 为抽水和发电运行功率；Q_{p}、Q_{h} 为水泵和水轮机的流

量；η_{p}、η_{h} 为水泵和水轮机运行效率；ρ 为水的密度；g 为重力加速度。由式（2－16）和式（2－17）可知，在某一时段要想调节机组运行功率，只能通过调节流量大小来实现，而抽水蓄能机组的流量是由机组转速和导叶开度决定的，如图 2－22 所示。

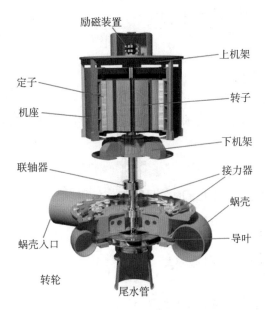

图 2－22　抽水蓄能机组示意图

目前我国投产的抽水蓄能机组基本上大都是定速机组，即直流励磁的同步发电机组。由于励磁电流恒定，抽水蓄能机组在水泵工况下输入功率不能调节，只能以额定功率抽水运行。水泵转速由导叶开度和扬程决定，定速机组在扬程升高时，导叶开度会下降，运行效率也会下降。在水轮机工况下，定速抽水蓄能机组仅可以通过调节导叶开度来调节水轮机的流量，从而可在一定范围调节水轮机的发电功率。

2. 定速抽水蓄能机组调峰模型

对于小时级别的抽蓄机组，其调峰模型主要包括功率约束、机组单一工况约束以及电站水库约束等。

（1）抽蓄机组功率约束：

$$y_{k,t}^{\mathrm{p}} P_{\mathrm{hp,min}} \leqslant P_{k,t}^{\mathrm{hp}} \leqslant y_{k,t}^{\mathrm{p}} P_{\mathrm{hp,max}} \tag{2-18}$$

$$y^g_{k,t} P_{hg,min} \leqslant P^{hg}_{k,t} \leqslant y^g_{k,t} P_{hg,max} \tag{2-19}$$

式中，$P_{hp,min}$ 和 $P_{hp,max}$ 分别为机组抽水功率的上下限，$P_{hg,min}$ 和 $P_{hg,max}$ 分别为机组发电功率的上下限；$y^p_{k,t}$ 和 $y^g_{k,t}$ 分别表征机组是否处于抽水工况与发电工况的布尔变量，取 1 为是，0 为否。

（2）机组及电站单一工况约束：

$$y^p_{k,t} + y^g_{k,t} \leqslant 1 \tag{2-20}$$

$$Y_G + Y_P \leqslant 1 \tag{2-21}$$

式中，$y^p_{k,t}$ 与 $y^g_{k,t}$ 两者之和小于或等于 1，表示同一时刻机组 k 只能处于发电或抽水工况；Y_G、Y_P 分别表征抽蓄电站与抽水工况的布尔变量，取 1 为是，取 0 为否。

（3）机组工作台数约束：

电站处于抽水或发电工况时，最大工作机组台数均为 K，具体为：

$$\sum_{k=1}^{K} y^g_{k,t} \leqslant K Y_G \tag{2-22}$$

$$\sum_{k=1}^{K} y^p_{k,t} \leqslant K Y_P \tag{2-23}$$

（4）电站水库水位及其变动约束：

$$E_{h,min} \leqslant E_{h,t} \leqslant E_{h,max} \tag{2-24}$$

$$E_{h,t+1} = E_{h,t} + \left(\eta_p \sum_{k=1}^{K} P^{hp}_{k,t} - \eta_g \sum_{k=1}^{K} P^{hg}_{k,t} \right) \Delta T \tag{2-25}$$

$$E_{h,t_0} = E_{h,t_{end}} \tag{2-26}$$

式中，$E_{h,t}$ 为 t 时刻电站上水库水位；$E_{h,min}$、$E_{h,max}$ 分别为电站上水库水位的上下限；E_{h,t_0}、$E_{h,t_{end}}$ 分别为调度周期初始时刻和末时刻电站上水库水位，两者相等代表调度周期内抽发水量平衡；η_p 为机组抽水时水量电量转换系数；η_g 为机组发电时水量电量转换系数。

2.2.2 抽水蓄能调峰能力分析

针对基本场景和加速场景，将抽蓄机组运行模型与全年生产运行模拟模型结合，分析多情景下抽水蓄能对某电网调峰需求的支撑能力。

根据规划，"十四五"期间还将重点推进 5 项共 520 万 kW 的抽蓄项目，远景储备 8 项共 840 万 kW 装机规模的项目。结合之前的调峰需求分析，在 2030 年基本场景抽蓄装机的基础上，分别增加 300 万 kW、600 万 kW、900 万 kW 的装机，分析抽蓄装机增加对弃电减少的提升作用。

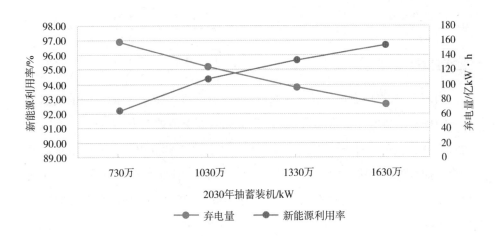

图 2-23 抽蓄装机与弃电量变化示意图

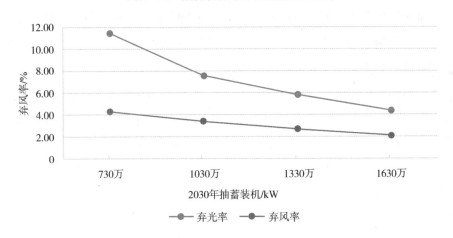

图 2-24 抽蓄装机与弃风弃光率变化示意图

从图 2-23、图 2-24 可以看出，电网中接入抽水蓄能后可以更好地降低年弃电量，提升新能源消纳水平。在一定规划容量下，改善效果基本呈线性关系，通过系统中投入的抽水蓄能机组的装机容量，一定程度内可以推算出年新能源消纳率。同时，抽蓄机组通过午间抽水运行，对午间光伏大发时的弃光效果改善更为明显。

表 2 – 9　抽蓄装机与弃风弃光率变化示意图

抽蓄装机/kW	730 万（基本场景原始）	1030 万	1330 万	1630 万
弃电量/亿 kW·h	157.48	123.78	95.57	72.55
新能源利用率/%	92.19	94.38	95.66	96.70
弃光率/%	11.38	7.55	5.78	4.35
弃风率/%	4.25	3.36	2.65	2.06
调峰缺口最大值/万 kW	5674	5430	5134	4843

由表 2 – 9 可以看出，随着抽水蓄能规模的不断增大，新能源的消纳水平也不断提升。2030 年基本场景下某电网原始新能源消纳率为 92.19%，弃电量为 157.48 亿 kW·h，随着抽水蓄能规模增大，新能源弃电率和弃电量也逐渐减小。抽蓄机组装机平均每增加 300 万 kW，全年可减少约 28.37 亿 kW·h 的弃电，但是，改善效果存在边界效应，随着抽蓄装机的增加，弃电量的减少量有所降低。通过推算，在 2030 年基本场景下，抽蓄装机若达到 1330 万 kW，年弃电率或能控制在 5% 以内。

抽水蓄能接入电网后可以通过抽水工况吸收弃电，降低新能源弃电率，提升新能源消纳水平。通过本项目优化方法，抽蓄可通过接近全功率抽水降低调峰缺口最大值，从而减轻午间调峰压力。

第3章　抽水蓄能对新能源不同占比下新型电力系统调频需求响应的分析

3.1　系统对抽蓄的调频需求方法

在"双碳"背景下，以风电和光伏发电为代表的新能源规模化开发利用，大量新能源场站并入主干网架，新能源发电容量在电力系统的占比不断提高，电力系统从以同步电机为主要电源逐步过渡到高新能源占比、跨区直流受电大幅提高的新型电力系统。因此维持电网及其频率稳定的问题更加突出。

3.1.1　系统调频需求计算方法与模型

当系统因各种扰动而发生功率缺额时，电力系统频率变化主要取决于功率缺额数量、负荷频率特性、故障后系统总转动惯量和旋转备用容量四个因素。

从扰动发生至系统频率最低点通常包含扰动功率分配、惯量响应及一次调频过程。在不考虑负荷作用下，以负荷阶跃增加的功率缺额扰动为例说明扰动过程功率响应及能量转换机理，如图 3 – 1 所示。图中，t_0 为扰动时刻，t_1 为调速器动作时刻，t_2 为频率最低点时刻。图 3 – 1a 中的蓝色线为电磁功率，橙色线为机械功率，通常将调速阶段 $t_1 - t_2$ 功率近似线性化；图 3 – 1b 中的黑色实线为扰动过程惯量支撑功率，阴影区域为惯量支撑能量；图 3 – 1c 为扰动过程频率曲线。

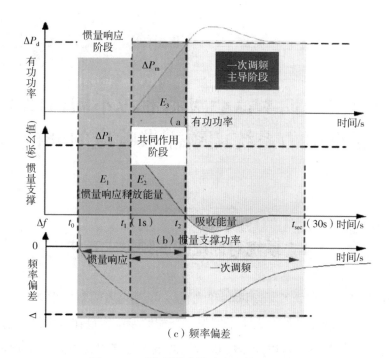

图 3-1　系统惯量支撑功率及能量示意图

扰动过程大致分为以下阶段：

t_0 时刻，具有电压源特性的同步机自动分担扰动功率，致使电磁功率突变，维持系统功率平衡，其能量来源为发电机电磁能量。

$t_0 - t_1$ 惯量响应阶段，发电机电磁功率突增，机械功率保持不变，此时由于机械转动惯量作用，转子动能被动释放转换为电磁功率，继续维持系统有功供需平衡。其他形式惯量也在此阶段发挥作用，总惯量支撑能量为阴影区域 E_1。

$t_1 - t_2$ 阶段，惯量响应与一次调频共同作用向系统提供功率。t_1 时刻调速器动作增发机械功率，向系统提供额外功率，减小系统不平衡功率，惯量支撑功率随即减小，转子减速速率逐渐减小，直至 t_2 时刻到达频率最低点。此阶段惯量支撑能量为阴影区域 E_2，一次调频提供能量为阴影区域 E_3，实际上两者共同构成 $t_1 - t_2$ 阶段与扰动功率围成的矩形区域。扰动发生至频率最低点，惯量支撑功率为正，向系统释放能量，总惯量支撑能量为阴影面积 $E_1 + E_2$。

$t_2 - t_{sec}$ 阶段，原动机继续增发机械功率，恢复转子转速至额定值附近，其间惯量支撑功率为负，即从系统吸收能量。后续二次、三次频率调节相继投入，恢复系统频率至额定值并实现机组间经济功率分配。

综上，发生扰动后系统频率将快速下降至最低点，在此过程中系统惯量水平以及旋转备用将对系统频率变化率、频率最低点发挥决定性作用；随后在系统频率上升恢复阶段中，系统的调频资源规模以及快速响应能力将对系统频率恢复速率、扰动后频率恢复至稳态值发挥关键性作用。

由于某电网为同步电网，故本部分以 2030 年某电网发展条件为边界，在考虑某电网同等条件增长的情况下研究系统的调频需求响应分析。

3.1.2 新型电力系统调频能力需求分析

1. 系统频率扰动影响因素分析

频率的恢复和稳定主要受三大方面因素影响：调速器参数对频率稳定能力的影响、负荷模型参数对频率稳定能力的影响和不同能源占比对频率稳定能力的影响，如图 3 - 2 所示。

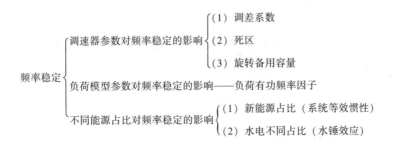

图 3 - 2　频率恢复和稳定的主要影响因素

随着新能源电源的不断增加，相比于传统同步发电机，基于换流器的新能源发电几乎没有惯性和阻尼特性。发生功率缺额故障时系统的频率下降速度将会更快，频率的最低点更低，留给系统反应的时间会更少。因此，新能源占比越高越不利于系统的频率稳定。

2. 建立含抽蓄电力系统的频率响应模型

机组的投退、负荷的扰动、联络线的开断所引起的不平衡功率 ΔP 主要依靠发电机转子吸收/释放的动能 W_K、负荷的频率调节效应 ΔP_L 以及发电机组一次调频措施 ΔP_G 来调节。

$$\Delta P = \frac{\mathrm{d}W_K}{\mathrm{d}t} + \Delta P_L + \Delta P_G \qquad (3-1)$$

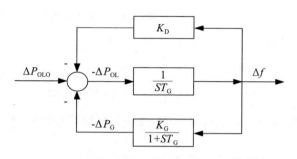

图 3-3 单机机带负荷频率响应模型框图

图 3-3 为传统的单机带负荷频率响应模型框图。其中前向环节表示等值发电机的转子运动方程，两个反馈环节表示负荷和发电机的频率特性。系统的状态方程可表示为：

$$\begin{cases} T_S \dfrac{\mathrm{d}\Delta f}{\mathrm{d}t} = -\Delta P_{OL} \\[2mm] T_G \dfrac{\mathrm{d}\Delta P_G}{\mathrm{d}t} + \Delta P_G = -K_G \Delta f \\[2mm] \Delta P_D = K_D \Delta f \\[2mm] \Delta P_{OL} = \Delta P_D - \Delta P_G + \Delta P_{OLO} \end{cases} \qquad (3-2)$$

式中，K_D 为系统负荷频率调节效应系数，T_S 为等值机惯性时间常数，K_G 为发电机的功率频率静态特征系数，T_G 为发电机的调速器和原动机的综合时间常数。

通过 PSD-BPA 软件搭建仿真模型，模拟低周故障时系统的变化及恢复情况，研究新能源不同占比对系统频率的影响。

构建小系统仿真数据，其中负荷为 1000 MW，火电装机为 4×300 MW，风电装机和光伏装机均为 500 MW，模拟发生 10% 功率缺额扰动时，新能源占比对系统频率特性的影响。

由图 3-4、表 3-1 可知，对于新能源占比为 0 的系统，系统频率能更快恢复稳定，恢复后的频率值也更高，系统对频率扰动的响应较小。随着新能源占比不断增加，系统频率下降的最低点更低，恢复速度更慢，恢复后的频率值也更低。对于本案例的小系统，新能源占比达到 40% 时系统频率恢复值已趋于临界值。

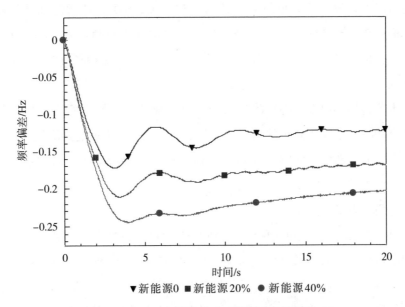

▼新能源0 ■新能源20% ●新能源40%

图 3-4 不同新能源占比下的频率特性曲线

表 3-1 不同新能源占比对系统频率影响

序号	新能源不同占比	频率最低点/Hz	频率下降速度/ (Hz·s^{-1})	频率恢复值/Hz
1	新能源 0	49.83	0.0781	49.876
2	新能源 20%	49.79	0.0871	49.831
3	新能源 40%	39.75	0.0933	49.796

未来随着新能源装机占比的不断增加，系统频率稳定问题也将更加突出。

3.1.3 对抽蓄调频能力需求分析

"双碳"背景下，新能源装机占比逐步增加，但新能源出力具有典型的随机性、波动性，大规模新能源接入后电网系统频率稳定性进一步下降，抽水蓄能作为一种有效的调频工具，可以大幅提高新能源接入电网后的电网频率稳定性。此外，若遇突发的电网事故，频率大幅变化且短时无法恢复，抽水蓄能机组的一次调频能力对电网频率稳定则尤为重要。

我国标准频率为 50 Hz，频率偏差不得超过 ±0.2 Hz，频率超出（50 ± 0.2）Hz 为事故频率。事故频率超出（50 ± 0.2）Hz，持续时间不得超过 30 min。事故频率超出（50 ± 0.5）Hz，持续时间不得超过 15 min。在正常情况下，机组自动发电控制系统投入时，系统频率应保持在（50 ± 0.1）Hz 范围内。

本节将根据第 2 章提出的基于 2030 年基础场景和加速场景的边界条件，计算有功瞬时增加和减少的情况下，某电网的频率至少恢复到限值时，系统能够承受的有功增长量和减小量占负荷的比值，分析某电网对抽蓄的调频需求。

1. 基本场景

2030 年某电网最大负荷预计将达到 4.62 亿 kW，火电装机达到 3.81 亿 kW，新能源装机达到 4.31 亿 kW，抽蓄机组装机容量达到 2257 万 kW，新能源装机容量将超过常规机组装机容量装机。其中某电网负荷将达到 1.72 亿 kW，火电、核电总装机达到 1.33 亿 kW，风电装机达到 5570 万 kW，光伏装机达到 9428 万 kW，抽蓄装机达到 730 万 kW。

新能源大发 50% 方式下，若系统中没有抽蓄机组支撑，系统能够承受的有功增长量约占负荷的 2.53%，能够承受系统有功减小量约占负荷的 3.25%。若系统有功突然增加超过了负荷的 2.53% 或减少超过了负荷的 3.25%，系统将无法恢复到频率稳定限值，如图 3 - 5 所示。

新能源大发 50% 方式下，系统中抽蓄机组达到 2030 年规划容量 2257 万 kW，并全开机，系统能够承受的有功增长量约占负荷的 2.92%，能够承受的有功减小量约占负荷的 3.62%。若系统有功突然增加超过了负荷的 2.92% 或减少超过了负荷的 3.62%，系统将无法恢复到频率稳定限值，如图 3 - 6 所示。

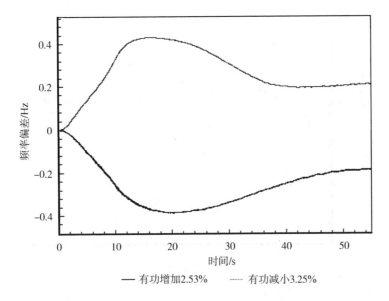

图 3 – 5　无抽蓄机组支撑下的频率特性曲线（基本场景）

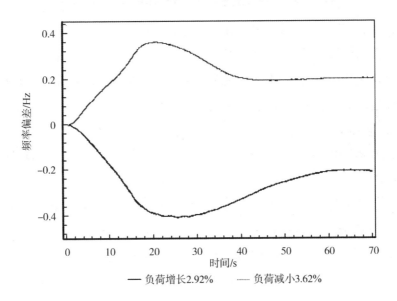

图 3 – 6　抽蓄机组支撑下的频率特性曲线（基本场景）

　　在系统有功缺减小 3.62% 情况下，有抽蓄支撑，系统频率可恢复至 49.80 Hz，无抽蓄支撑只能恢复至 49.74 Hz；在系统有功缺增加 2.92% 情况下，有抽蓄支撑，系统频率可恢复至 50.20 Hz，无抽蓄支撑只能恢复至

50. 23 Hz，如图 3 - 7 所示。

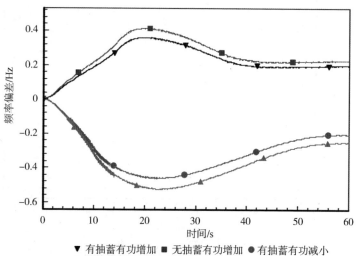

图 3 - 7 有无抽蓄机组系统频率特性曲线对比（基本场景）

由图 3 - 7 可知，系统中含有一定规模的抽蓄机组后，随着系统内频率调节手段的增加，系统的频率响应能力相应提高。因此，对抽水蓄能机组参与电网调频加以控制，能够有效地对大规模新能源并网带来的出力波动或负荷扰动造成的系统频率偏差变化进行调节。

2. 加速场景

2030 年某电网电源装机总容量约为 41248 万 kW，其中风电 9760 万 kW、光伏 16517 万 kW，其余边界与基本场景一致。

新能源大发 50% 方式下，若系统中没有抽蓄机组支撑，系统能够承受的有功增长量约占负荷的 1.89%，能够承受的有功减小量约占负荷的 2.47%。若系统有功突然增加超过了负荷的 1.89% 或减少超过了负荷的 2.47%，系统将无法恢复到频率稳定限值，如图 3 - 8 所示。

新能源大发 50% 方式下，系统中抽蓄机组达到 2030 年规划容量 2257 万 kW，系统能够承受的有功增长量约占负荷的 2.31%，能够承受的有功减小量约占负荷 2.94%。若系统有功突然增加超过了负荷的 2.31% 或减少超过了负荷的 2.94%，系统将无法恢复到频率稳定限值，如图 3 - 9 所示。

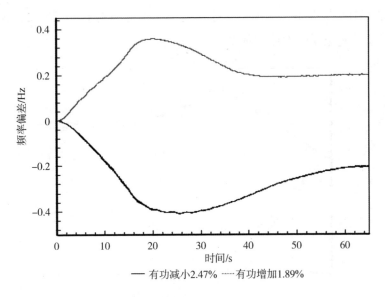

图 3-8　无抽蓄机组支撑下的频率特性曲线（加速场景）

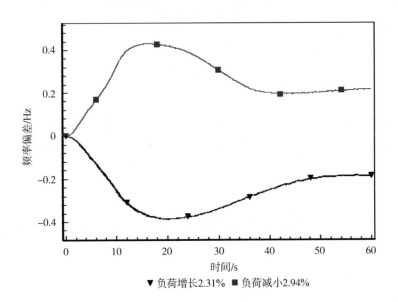

图 3-9　抽蓄机组支撑下的频率特性曲线（加速场景）

在同样的有功波动情况下，有抽蓄机组相对于无抽蓄机组，系统频率恢复情况有明显的改善。在系统有功缺减小 2.94% 情况下，有抽蓄支撑，系统频率可恢复至 49.80 Hz，无抽蓄支撑只能恢复至 49.73 Hz；在系统有功缺增加 2.31% 情况下，有抽蓄支撑，系统频率可恢复至 50.20 Hz，无抽蓄支撑只能恢复至 50.24 Hz，如图 3 – 10 所示。

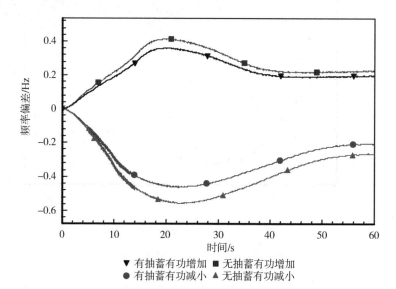

图 3 – 10 有无抽蓄机组系统频率特性曲线对比（基本场景）

由以上分析可以看出，电力系统中新能源占比越高，对新能源出力随机性和负荷波动带来的功率扰动的抵御能力越脆弱，有功突然减少对系统的频率响应需求更大。"双碳"背景下火电等常规机组建设放缓，抽水蓄能电站建设加速，在未来高比例新能源接入的新型电力系统中，抽蓄机组将对系统的频率需求响应起更大的作用。

3.2 多情景调节需求下抽水蓄能的调频能力分析

抽水蓄能机组由于快速的负荷响应性在电网中承担调峰、调频等功能，其中调频功能尤为重要。一次调频相当于控制系统的前馈作用，不通过调度控制，机组直接根据频率变化来调节发电负荷，响应速度快，抽水蓄能机组一次调频在响应幅度和持久性方面表现突出。若遇突发的电网事故，频率大幅变化且短时无法恢复的情况，抽水蓄能机组的一次调频能力对电网频率的稳定则尤为重要。

3.2.1　抽蓄调频能力影响因素分析

一次调频是水电机组调速系统频率特性所固有的能力，基于水轮机调速器的静特性，调速器的静特性是在调速器稳定平衡的件下机频相对值与接力器行程相对值之间的关系曲线。对于水轮机调速器而言，其静特性曲线基本为一条直线，接力器行程相对值与有功功率调节信号相对值基本相等，因而其静特性也可理解为机频相对值与有功功率调节相对值之间的关系曲线。图 3-11 中纵坐标 X 为机频，横坐标 Y 为接力器行程，曲线斜率为永态转差系数 b_p，即 $b_p = -dx/dy$。

由图可知，永态转差系数 b_p 是包围调速器电子调节器的一个负反馈，当机频相对值变化 dx 时，稳定后调节信号即接力器行程相对值对应变化 $dy = dx/b_p$，因而机频下降时接力器开度（等同于有功功率调节信号）增加，机频升高时接力器开度减小。由于机组调速器永态转差系数 b_p 的存在，在调速器稳定平衡时，每一个确定的机频，都有个确定的接力器开度和一个确定的机组有功功率。

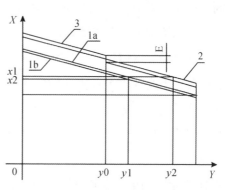

图 3-11　水轮机调速器静态特性曲线

当系统中各机组的 b_p 值一定时，它们调节结束后承担的变动负荷与其 b_p 值成反比。水态转差系数 b_p 的范围为 1%～10%，为使机组承担较小变动负荷，其 b_p 值应整定较大，如4%～6%，为使机组承担较大的变动负荷，其 b_p 值应整定较小，如2%～4%，但一般不得整定为零。可见，永态转差系数 b_p 的作用是实现机组按有差静特性运行。如并列运行机组 b_p 值均为零（即都是无差静特性），则机组之间的负荷分配处于不确定状态，将导致机组间有功负荷拉锯般的抽动。

如系统中各机组的助值都较大，则系统的频率变化也较大，为使系统频率在负荷变动时变化较小，须有一部分机组的 b_p 值整定得小一点，这些机组通常称为调频机组。由于调速器由多个环节组成，特别是液控阀的搭叠量，会产生一定的死区，这使得调速器开机方向和关机方向两根静态特性曲线实际上不是一根重合的线，而是由两根曲线所围成的一条带子。在其 x 方向的带宽 $x1 \sim x2$ 中，调速器不起调节作用，因而把这一转速区域称为调速器的转速死区。转速死区不利于调节系统稳定，而且影响调节品质，所以在调速器的技术条件中规定：大型电调转速死区不超过 0.04%，中型和小型电调分别不超过 0.08% 和 0.12%。

当机组出力变化远小于电网总负载时，对电网频率值的影响微乎其微，即电网频率值可以看作不变。对于按有差静特性运行的机组，可在机频和 b_p 值不变的条件下，通过调整有功功率给定值达到改变机组有功负荷的目的。有功功率给定值的参数范围为 0 ~ 100%，当有功功率给定值改变时，有功功率给定值与调节器输出相比较，其差值通过 b_p 同路反馈至电子调节器，调整调节器输出直至与有功功率给定值相等，达到了在机频和 b_p 值不变的条件下改变机组有功负荷的目的。为了加快调整机组有功负荷的速度，功给信号还同时通过"前馈"同路直接与电子调节器输出值叠加，使电子调节器的输出不经 b_p 同路反馈和电子调节器运算而直接随有功功率给定值改变，这时调节器输出与有功功率给定值相等，不再有差值通过 b_p 同路向调节器反馈。由于前镜信号的作用，负荷的增/减几乎与功给增/减操作同步。从图 3 − 11 可以看出，增加有功功率给定有功功率给定值相当于将静特性曲线 $1a$ 向上平移至曲线 2，显然，平移的结果使得在 b_p 值未变的条件下对应于 $x1$ 的接力器开度由 $y1$ 增加到 $y2$，从而增加了机组所带的负荷。为了在机组并网后，避免调速器因频率的微小变化而频繁调整，通常在频差计算时，将小于某一微小设定值的频差置零，此设定值即为人工死区 E，其参数范围为 0 ~ 1%。从图 3 − 11 上来看，曲线 3 即为具有人工死区 E 的静特性曲线。在此静特性曲线下运行的机组，只要机频的变化未超出死区 E 的范围，调速器就不进行调整，接力器开度将维持在 $y0$ 处不变。

3.2.2 抽水蓄能调频能力分析

1. 抽蓄机组发电工况

抽蓄机组在抽水工况下，是同步电动机，功率不可调，其能够提供与发电工况下相同的惯量支撑，但不具备一次调频能力。

构建的小系统包括 5 台 300 MW 抽蓄机组，对比抽蓄机组发电、抽水不同运行工况组合下，系统的频率变化情况，见表 3-2。

表 3-2　不同抽蓄运行工况的系统频率恢复情况

抽蓄运行工况	频率最低点/Hz	频率恢复值/Hz
发电 5 台，抽水 0 台	49.836	49.881
发电 4 台，抽水 1 台	49.818	49.858
发电 3 台，抽水 2 台	49.795	49.824

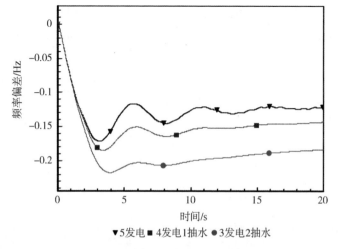

▼5发电 ■ 4发电1抽水 ● 3发电2抽水

图 3-12　不同抽蓄运行工况的系统频率恢复情况

如图 3-12 所示，由于定速抽蓄机组在抽水工况下不具备调频能力，因此系统的频率最低点和最终恢复值均较低。

抽蓄机组对系统频率的支撑能力与新能源出力、抽蓄机组规模、负荷水平等因素有关。不同新能源出力、抽蓄装机规模下，抽蓄机组对某电网频率支撑作用见表 3-3。

在某电网新能源装机为 4.31 亿 kW，新能源同时率 50% 方式下，抽蓄规模在 2030 年 2257 万 kW 边界下，新能源出力与负荷波动导致系统有功缺失占某电网负荷比为 3.62%，某电网抽蓄机组全开，系统频率恢复至 49.80 Hz。若新能源出力或系统有功缺额进一步增加，某电网频率将不能恢复至 49.80 Hz 的要求，见表 3-3。

表 3 - 3　新能源、抽蓄开机对系统调频影响

新能源规模/万 kW	新能源同时率	抽蓄规模/万 kW	承受有功缺额占负荷比/%
43100	新能源 40%	0	3.56
		1257	3.78
		2257	3.94
		3000	4.11
	新能源 50%	0	3.25
		1257	3.45
		2257	3.62
		3000	3.77
	新能源 60%	0	2.89
		1257	3.11
		2257	3.33
		3000	3.50
51700	新能源 40%	0	2.88
		1257	3.12
		2257	3.34
		3000	3.55
	新能源 50%	0	2.47
		1257	2.71
		2257	2.94
		3000	3.12
	新能源 60%	0	2.06
		1257	2.29
		2257	2.52
		3000	2.70

　　随着抽蓄机组开机的增加和新能源出力的减小，某电网能够承受的有功波动能力将提升。

　　在某电网新能源装机 4.31 亿 kW 方案下，抽蓄机组每多开机 1000 万 kW，可提升某电网承受负荷波动能力约 0.16% ~ 0.22%；新能源同时率每提升 10%，某电网可承受负荷波动能力降低约 0.27% ~ 0.34%。

　　在某电网新能源装机 5.17 亿 kW 方案下，抽蓄机组每多开机 1000 万 kW，

可提升某电网承受负荷波动能力约 0.18% ~ 0.23% ；新能源同时率每提升 10% ，某电网可承受负荷波动能力降低约 0.40% ~ 0.43% 。

2. 抽蓄机组抽水工况

针对大功率缺额故障后的受端电网频率下降问题，传统控制手段最后一道防线的低频减载方案使系统损失大量负荷，其控制代价较大。基于《电力安全事故应急处置和调查处理条例》（国务院令第 599 号）中对于事故安全等级评判的重要指标，以保证电网安全稳定为前提，为了减小频率控制代价，在事故后采取控制措施处理过程中，应尽量减少或取消生产生活用电负荷的切除。系统大型储能元件抽水蓄能电站具有响应速度快、调节容量大、爬坡能力强和机组投切调整灵活等优势，利用其在受端电网的调频作用，采取抽蓄切泵措施也可以有效地减少生活用电负荷切除量。

在小系统中对比有无"切泵"措施对系统频率恢复的影响，若采取切泵措施，系统频率下降速度和恢复值将有明显改善，如图 3 - 13 和表 3 - 4 所示。

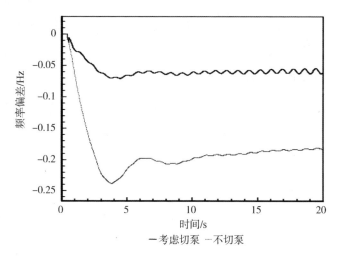

图 3 - 13　频率偏差曲线图

表 3 - 4　不同新能源占比下系统频率恢复情况

开机方式	频率最低点/Hz	频率下降速度/(Hz·s⁻¹)	频率恢复值/Hz
无切泵措施	49.79	0.0877	49.835
有切泵措施	49.93	0.037	49.943

在某电网抽蓄规模 2257 万 kW，新能源同时率 50% 方式下，分别计算基础场景（新能源 4.31 亿 kW）和加速场景下（新能源 5.17 亿 kW），不同抽蓄"切泵"比例对系统调频的影响见表 3 – 5。

表 3 – 5　抽蓄"切泵"对系统调频影响

新能源规模/万 kW	"切泵"比例/%	承受有功缺额占负荷比/%
43100	0	3.250
	5	3.493
	10	3.736
	15	3.981
51700	0	2.470
	5	2.712
	10	2.959
	15	3.203

当发生系统有功缺失故障，采取"切泵"的措施，可提升系统的频率恢复水平。在某电网抽蓄装机 2257 万 kW，新能源装机 4.31 亿 kW，同时率 50% 方式下，每"切泵"5%，可提升系统承受有功扰动比例约 0.243% ~ 0.245%；在新能源装机 5.17 亿 kW，同时率 50% 方式下，每"切泵"5%，可提升系统承受有功扰动比例约 0.244% ~ 0.246%。

第4章　高比例新能源系统的转动惯量需求及抽蓄机组支撑能力

随着以风电和光伏发电为代表的新能源规模化开发利用，大量新能源场站并入主干网架，新能源发电容量在电网中占比不断提高，煤炭污染问题得以有效治理。但与此同时，风电和光伏等新能源机组规模化并网将降低系统惯量。

在当前不平衡功率无法瞬时平衡的同步电源系统中，惯量在维持有功供需平衡方面发挥重要作用，为电磁功率提供能量来源，从而维持有功供需平衡，并减缓频率变化速度，为一次调频赢得时间。高比例新能源接入的新型电力系统，出现大扰动或间歇性功率波动的概率将明显增加，因此，对新型电力系统转动惯量需求分析及抽水蓄能惯量支撑能力研究是十分必要的。

4.1　抽蓄机组惯量支撑机理研究

4.1.1　转动惯量研究基础

1. 频率扰动过程中惯量响应阶段

当有功功率不平衡时，将出现一系列动态响应和发电功率重新调整的过程，以重新达到新的发电及负荷功率的平衡。一般可分为下述四个阶段，如图 4-1 所示。

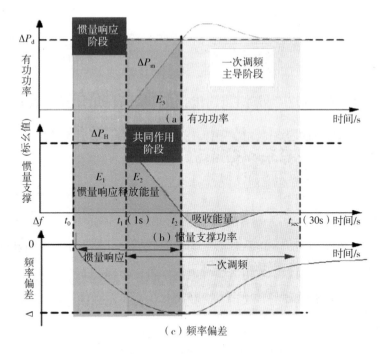

图 4 - 1　频率扰动过程中惯量、一次调频响应过程

1) 第一阶段

第一阶段为扰动瞬间，即 0 + 时刻。发电机功角不能突变，其输出功率变化与其整步功率成正比。各发电机间的功率变化按照各自的同步系数分配。即与功率不平衡量的大小、发电机初始运行点、功率发生变化的地点与各发电机的电气距离有关。一般离扰动点越近的机组，分担的功率缺额越多。

发电机的有功功率变化量按照与扰动地点的整步功率系数分配，与扰动点阻抗越小，分配的功率变化量越大；与扰动点功角差越小，分配的功率变化量越大。

2) 第二阶段：惯量响应阶段

第二阶段为扰动发生后的 2s 左右期间，功率按照旋转机组的惯性大小比例重新分配。由于功率缺额，频率开始发生变化，频率降低时发电机转子惯量释放能量，限制频率衰减速度。0 ~ 2s 内，频率按照平均减速度振荡衰减，这时根据相对惯量值重新分担功率缺额而与其位置无关，惯性较大的发电机承担大部分功率缺额。

扰动瞬间之后的暂态过程，发电机可以获得系统平均加速度，此时调速器尚未引起原动机机械功率大幅度变化，系统中的发电机将按其惯性常数来分配有功功率变化量。

3）第三阶段：惯量响应与一次调频共同作用

第三阶段为 2～5s 以后，发电机的调速器逐渐开始响应并改变原动机输出功率，进而改变发电机的电气输出功率。此阶段发电机惯量与一次调频共同作用，减缓系统的频率变化。

发电机电功率增加的速度和最大数额与各台发电机可调出的旋转备用、调速器特性、机组特性（火电或水电机组）有密切的联系。各台机组分担功率缺额的份额正比于机组容量、旋转备用和调速系统特性。这一阶段，扰动功率按调速器的调差系数的倒数分配到各发电机。

4）第四阶段：一次调频主导

第四阶段为扰动后几十秒内，系统常规机组调速器全部动作，系统频率开始从最低点恢复，此阶段一次调频为系统频率恢复的主要因素。

2. 新型电力系统下的转动惯量构成

新型电力系统主要特征体现为高新能源占比、跨区直流受电大幅提高。基于新型电力系统，其主要的惯量组成包括同步发电机转动惯量、新能源虚拟惯量、跨区直流输电系统惯量、系统负荷惯量。以下主要分析系统不同主体的惯量的特点以及对电力系统扰动的响应。

1）同步发电机转动惯量

同步发电机本质上是电压源，其内电势相位不能突变，内电势幅值受转子磁链制约也不能突变，同步机这种特性使其输出功率为自由量，具有扰动功率即时分配能力。同步发电机原动机和转子具有转动惯量，其在旋转过程中储存了动能，在外界发生功率扰动时同步发电机被动应激的将转子中储存的动能通过功角特性转化为电磁功率（惯量支撑功率）向系统释放或吸收，惯量支撑功率是系统机械功率与电磁功率的偏差。通过惯量支撑功率从而影响发电机的不平衡功率进而影响频率变化，对系统频率产生惯性。

同步调相机是一种特殊运行状态下的同步机,用于为系统提供无功功率,提高系统电压稳定性。其具备瞬时扰动功率分配能力和惯量响应能力,可增大系统转动惯量进而减小频率变化速度,但同步调相机无原动机系统,惯量仅来源于发电机转子,惯性常数较小,约为1s。同时同步调相机也不具备一次调频能力,其惯量响应损失的能量需通过同步发电机增发机械功率补偿,并且其惯性作用会延缓系统频率恢复速度。同步调相机可减小频率变化速度,间接降低频率最低点,但不会改变频率稳态值。

电力系统中的火电机组、水轮机、抽水蓄能机组惯量都属于同步发电机惯量的类型,但因其自身的特点其惯量有一定的差异。

2)新能源虚拟惯量

目前风电机组主要类型有:恒速恒频异步风机、转子电阻型异步风机、双馈异步风机、永磁直驱风机。不同类型风电机组惯量响应特性取决于其并网方式及变流器控制方式。

恒速恒频异步风机与电网直接连接,可提供短时惯量支撑功率,但其风能利用率较低,正逐步退出风电市场;双馈异步风机定子与电网直接连接,但其转子转速由转子侧变流器控制,并且转子和定子间电磁耦合关系很弱,无法有效释放轴系动能进行惯量响应,其惯量响应能力与变流器控制策略相关,大部分时间对外表现出的惯量很小,可以忽略不计;永磁直驱风机转子转速与电网频率完全解耦,无法向电网提供惯量支撑功率。所以基于常规控制的风电机组转动惯量被隐藏,扰动时几乎不向电网提供惯量支撑功率,不响应机电时间尺度的频率扰动。而光伏发电的储能性能较弱,并且与系统完全解耦,无法进行惯量响应。

3)跨区直流输电系统惯量

高压直流输电馈入受端电网,大容量输电替代了受端系统部分同步机组,系统惯量响应能力相对减弱。且受端换流器大多采用有功功率控制方式,无法响应系统频率变化,使系统频率稳定性降低。直流系统附加频率限制控制器(Frequency Limit Control, FLC),可模拟同步发电机一次调频特性,扰动时根据系统频率变化快速调动直流系统传输功率为扰动系统提供功率支援,改善系统频率特性,从控制方式和响应时间尺度上看属于一次调频范畴，但在实际应用中不是很广泛。

综上，不同主体的惯量组合构成了新型电力系统惯量体系，本书主要研究抽蓄在系统中的惯量支撑作用，故只考虑同步机型惯量。

3. 电力系统惯量的计算方法

惯性是物体保持运动状态不变的属性，惯量度量物体惯性的大小。电力系统中的惯性指同步发电机主导的电力系统中阻碍旋转动能变化速度的能力，表现为对功率扰动的抵抗，为频率变化提供最迅速、最直接的响应，因此维持足够的惯性对频率的稳定具有重要意义。对于并网运行的同步机而言，惯性响应是其固有属性，储存在转子中的动能自发响应不平衡功率，以抵抗频率的波动。

同步机组对系统惯量支撑的作用可以用惯性时间常数来表征，惯性时间常数是转子在额定转速下的动能的两倍除以额定容量，而动能的大小与物体的质量和速度有关，因此发电机组惯性时间常数与转子的质量、转速、额定容量相关。

发电机转子运动方程为：

$$J = \frac{\mathrm{d}\Omega}{\mathrm{d}t} \qquad (4-1)$$

式中，J 为转动转量，Ω 为机械角速度。

发电机的动能 E_k 公式可表示为：

$$E_k = \frac{1}{2}J\Omega^2 \qquad (4-2)$$

电力系统的惯性时间常数 T_s 可以看作是系统中所有运行的不同种类的同步机组的动能与容量的等效叠加，若系统中包含 m 台火电机组和 n 台水电（抽蓄）机组，则系统的等效惯性时间常数 T_s 可表示为：

$$T_s = \frac{2\left(\sum_{i=1}^{m} E_{ki} + \sum_{j=1}^{n} E_{kj}\right)}{2} = \frac{2W_k}{S_N} \qquad (4-3)$$

其中，E_{ki} 为火电机组动能，E_{kj} 为水电（抽蓄）机组动能，W_k 为电力系统总的动能，S_N 为系统运行机组总的额定容量。

随着新能源并入电网，如考虑系统的负荷不变，用等容量的新能源机组去替代火电机组，火电机组开机的减少，造成系统 T_s 减小。为了表征不同新能源占比下电力系统的惯量水平，引入参数 k 表示新能源电源出力在系统中的占比。大规模新能源并入电网后系统等值惯性时间常数可以简单地用下式来表示：

$$T_s = \frac{2(1-k)W_k}{S_N} \qquad (4-4)$$

例如在系统等值惯性时间常数 T_s 为 10s 的系统中，当采用一半的新能源替代一半的火电机组后，系统中新能源出力占比 k 为 50%，系统中火电机组发电机开机减小 50%，系统整体动能 W_k 减少为原来的一半，电源总体装机容量 S_N 不变，这时系统的等值惯性时间常数 T_s 为 5s，即随着新能源电源占比的提高，系统等效惯性时间常数减小。

对于惯量的支撑作用，主要从频率最低点、频率下降速度以及频率恢复值等指标进行考量。

4.1.2 抽蓄转动惯量支撑能力影响因素

利用 PSD-BPA 构建小系统仿真数据，主网架为 220 kV，其中母线 2 负荷为 1500 MW，母线 1 接抽蓄装机为 5×300 MW（惯性时间常数为 8.94 s），母线 3 接新能源装机 1500 MW，其中风电装机和光伏装机均为 750 MW，模拟发生 5% 功率缺额扰动时，研究不同开机方式对系统惯量及频率特性的影响，如图 4-2 所示。

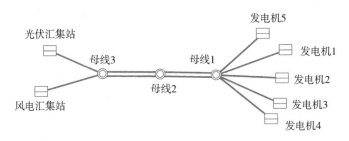

图 4-2 系统仿真算例结构图

1. 常规机组转动惯量支撑能力对比

火电机组用气体发电，气体的密度小，携带能量小，所以必须用高速，一般都是 3000 r/min。水电（抽蓄）机组用水发电，水密度大，携带能量大，转速较低且和发电机磁极对数有关，同步转速 n 与磁场磁极对数 p 的关系为：$n = 60f/p$（f 为频率，单位为 Hz），常见的水轮机极对数为 4、6、8 极。

经过调研，同样装机容量下，抽蓄（水电）机组动能普遍大于火电机组动能，因此抽蓄机组的惯性时间常数略大于火电机组。

将小系统的抽蓄机组替换为容量为 300 MW，惯性时间常数为 6.47 s 的火电机组，对比抽蓄与火电机组对系统惯量及频率支撑的区别。在新能源同时率为 40% 方式下，不同火电、抽蓄机组开机组合下，系统的频率曲线如图 4 - 3 所示。

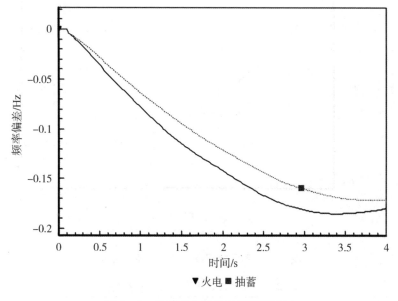

图 4 - 3 抽蓄与火电惯性支撑对比图

同样装机容量下，抽蓄机组在发电状态下与水电机组类似。由于抽蓄机组动能普遍大于火电机组动能，因此抽蓄机组的惯性时间常数比火电机组大，见表 4 - 1。从抽蓄与火电惯性支撑对比图中可以看出，由于火电机组的惯性时间常数小，因此，开机台数越多，其频率下降速度越快，频率最低点越低。最低点也高于火电。但由于两种机组一次调频能力相差不大，最终系统频率恢复水平基本一致。

表4-1　火电、抽蓄惯性时间常数对比

机组类型	机组容量/MW	转子动能/(MW·s)	惯性时间常数/s
火电	300	907	6.04
抽蓄	300	1272	8.48
水电	300	1272	8.48

2. 不同抽蓄装机占比下的惯量支撑对比

模拟发生5%功率缺额扰动时，抽蓄、新能源开机方式对系统惯量及频率特性的影响，如图4-4所示。

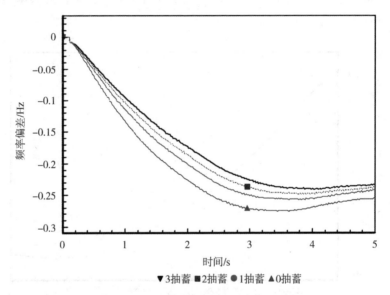

▼3抽蓄 ■2抽蓄 ●1抽蓄 ▲0抽蓄

图4-4　不同抽蓄装机下系统频率曲线

表4-2　不同抽蓄装机下系统频率恢复情况

抽蓄装机/MW	系统等效惯性时间常数/s	频率最低点/Hz	频率下降速度/(Hz·s⁻¹)
900	5.36	49.769	0.0992
600	4.87	49.756	0.1053
300	4.37	49.741	0.1117
0	3.88	49.728	0.1173

在此模型中，抽蓄装机每增加300 MW，惯性时间常数可提升0.5 s左右，频率最低点可提升0.01 Hz左右，频率下降速度减缓6%，在合理容量范围内呈线性增加，见表4-2和图4-4。

3. 不同抽蓄机组配置下的惯量支撑对比

同样采用 900 MW 的抽蓄总装机容量，将系统中 300 MW 抽蓄机组替换为 150 MW 抽蓄机组（惯性时间常数为 10.17 s），研究 3 台 300 MW，2 台 300 MW + 2 台 150 MW，6 台 150 MW，3 种不同机组配置下的惯量支撑能力。

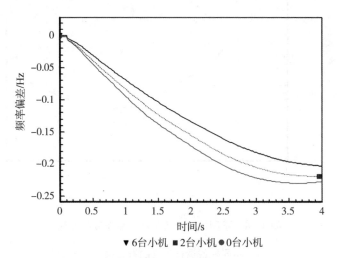

▼6台小机 ■2台小机 ●0台小机

图 4 – 5 抽蓄不同机组配置下系统频率曲线

表 4 – 3 不同抽蓄机组配置的系统频率曲线

机组配置	系统等效惯性时间常数	频率最低点/Hz	频率下降速度/(Hz·s⁻¹)
3 × 300 MW	5.36	49.769	0.0992
(2 × 300 + 2 × 150) MW	5.61	49.782	0.0948
6 × 150 MW	6.1	49.798	0.0872

在新能源同时率为 40% 方式，不同容量抽蓄机组开机方式组合下，系统的频率曲线如图 4 – 5 所示，由于容量小的抽蓄机组的惯性时间常数较大，150 MW 机组开机越多，系统频率下降速度较慢，频率最低点较高，但由于两种机组一次调频能力相差不大，最终系统频率恢复水平基本一致，见表 4 – 3。因此抽蓄电站的建设，可根据惯量需求的实际情况，适当装设容量较小的机组，为当地电力系统提供更多的惯量支撑。

4. 不同抽蓄运行工况下的惯量支撑对比

抽蓄机组在抽水工况下，是同步电动机，功率不可调，其能够提供与发电工况下相同的惯量支撑，但不具备一次调频能力。

构建的小系统包括 5 台 300 MW 抽蓄机组，对比抽蓄机组发电、抽水不同运行工况组合，系统的频率变化情况，如图 4 - 6 所示。

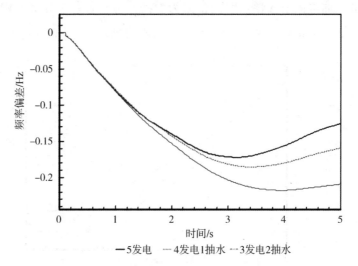

图 4 - 6　不同抽蓄运行工况下系统频率曲线

表 4 - 4　不同抽蓄运行工况的系统频率下降情况

抽蓄运行工况	系统等效惯性时间常数/s	频率最低点/Hz	频率下降速度/(Hz·s^{-1})
发电 5 台，抽水 0 台	8.94	49.836	0.0701
发电 4 台，抽水 1 台	8.94	49.818	0.0701
发电 3 台，抽水 2 台	8.94	49.795	0.0701

经过仿真计算可知，由于抽蓄机组在抽水和发电工况下的惯量是相同的，因此在调速器动作之前，频率的下降速度一致，见表 4 - 4，但由于定速抽蓄机组在抽水工况下不具备调频能力，因此系统的频率最低点和最终恢复值均较低。

4.2　某电网惯量需求与抽蓄支撑能力研究

4.2.1　转动惯量需求评估方法

高比例新能源电力系统惯量的减小使得电力系统在扰动下的频率特性发

生巨大变化，惯量降低使系统频率问题更加突出，衡量电力系统扰动下频率稳定的关键指标主要为频率变化率 RoCoF（Rate of Change of Frequency，RoCoF）与电力系统频率的最大偏差。

由于电力系统的转动惯量大部分由同步发电机提供，在高比例新能源接入形式下，同步电源提供出力大幅减小，因此以非同步电源比例 M 作为惯量需求的评估指标。

$$M = (P_{RE} + P_{import})/P_G \qquad (4-5)$$

式中，P_{RE} 为新能源输出的功率；P_{import} 为外来电输入的功率；P_G 为电网常规机组开机容量。

非同步电源比例指，新能源出力与外受电功率之和，与常规机组功率的比值，表示在一定运行方式下的非同步电源出力的阈值，与选取的频率下降限值有关。若超过该阈值，表示系统惯量支撑能力不足，发生扰动后系统频率可能下降至限值以下。测量非同步电源比例的主要步骤如下。

（1）选择电网可能发生的最严重的功率损失扰动，即对区域电力系统频率稳定产生影响最大的扰动；对于受端电网主要考虑功率损失，此类影响主要包括受端馈入直流双极闭锁，大容量机组跳机，新能源及负荷的大幅波动等。

（2）模拟不同运行方式下，电网在各类扰动下系统的频率响应曲线，比较系统频率下降最低点，引起频率差最大的扰动即为最严重的扰动，此时得到系统频率最低点刚好为低频减载限值的运行方式下的 M 值，并定义为非同步电源比例。

（3）若实时工作状态下非同步电源比例高于 M，则系统惯量不足，系统发生扰动后频率可能会下降至限制以下。

通过将该指标与系统等效时间常数指标相互配合，可以在调度运行过程中，指导新能源出力或系统惯量支撑资源配置。

4.2.2　某电网惯量需求实例分析

本节将根据以上提出的基于系统频率最低点的系统惯量需求评估方法，开展 2030 年边界条件下某电网的转动惯量需求分析，计算不同扰动下，某电网的频率变化情况，分析某电网的转动惯量需求。

1. 某电网分析模型搭建

根据调研可知，2030 年某电网最大负荷预计达到 4.62 亿 kW，火电装机达到 3.81 亿 kW，新能源装机达到 4.31 亿 kW，抽蓄机组装机容量达到 2257 万 kW，新能源装机容量将超过常规机组装机容量装机。

基本情景下，某电网负荷将达到 1.72 亿 kW，火电、核电总装机 1.33 亿 kW，风电装机 5570 万 kW，光伏装机 9428 万 kW，抽蓄装机 730 万 kW。

根据某电网 2030 年的负荷、网架、装机情况，构建 PSD - BPA 仿真计算模型，如图 4 - 7 所示。

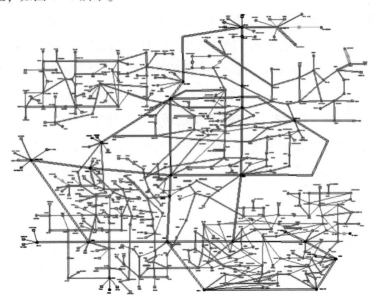

图 4 - 7　某电网仿真结构图

2. 某电网惯量需求分析

上述的电源结构在 BPA 里面建立某电网的时域仿真模型，开展某电网发生直流闭锁、大容量机组跳机、新能源大规模波动扰动计算，分析某电网的最小惯量需求。

1）直流闭锁故障

在直流传输功率 1000 万 kW 方式下，发生直流双极闭锁故障，分析电网频率能够恢复到正常水平，电网惯量能承受最大容量直流双极闭锁故障。

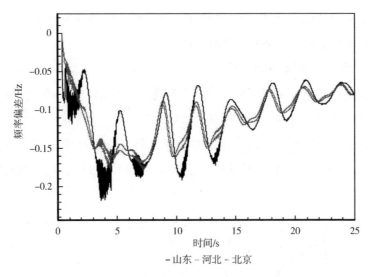

图 4 - 8　直流闭锁故障下系统频率变化图

基于频率的时空分布特性，选取了三个地区的频率进行观测，从图 4 - 8 的直流闭锁故障仿真可知，电网频率能够恢复到正常水平，电网惯量能承受最大容量直流双极闭锁故障。

2）大容量机组跳机

设置某核电机组跳机故障，某电网损失 100 万 kW 有功，并损失部分惯量支撑。

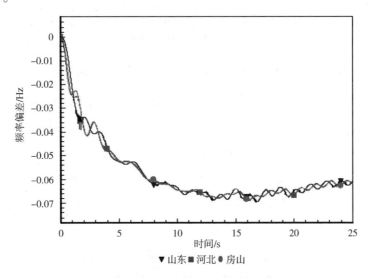

图 4 - 9　大机组跳机故障下系统频率变化图

如图4-9所示,经仿真计算可知,电网频率能够恢复到正常水平,某电网惯量能承受最大容量机组跳机故障。

3)大规模新能源波动扰动

电网新能源出力短时间波动5%（有功损失约2155万kW),分析大规模新能源波动扰动对频率偏差带来的影响。

通过故障仿真可见,该故障下系统频率最低点跌落至49.25 Hz,如图4-10所示。经计算系统非同步电源比例M达到1.108时,达到电网低频减载装置的启动阈值。

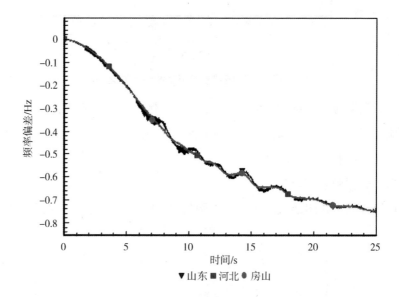

图4-10 大规模新能源波动扰动下系统频率变化图

基于最大频率偏差的惯量评估方法可知,电网频率稳定的最严重的扰动为新能源波动5%时,在2030年边界条件下,非同步电源占比为1.108,新能源同时率为58.42%。即当电网非同步电源占比低于1.108时,可认为某电网惯量支撑能够满足需求,随着新能源出力的进一步增加,电网非同步电源临界占比将增加,系统惯量支撑将不足,需要补充同步机型惯量,以增加对系统的惯量支撑。

综上,在新型电力系统下,开展电力系统惯量的评估、规划和实时监测,将对电力系统的安全稳定运行起到积极的作用。惯量支撑不足,需要补充同步机组开机，增加对系统的惯量支撑。但火电存量有限且启动较慢，因此抽蓄机组将承担更大作用。

4.2.3 抽蓄机组对某电网惯量支撑作用研究

1. 不同抽蓄装机的惯量支撑作用

为了验证抽蓄机组在某电网的惯量支撑作用，分两种不同新能源发展场景，对不同抽蓄开机容量下的系统非同步电源比例进行计算。抽蓄装机考虑了某电网十四五末规划的容量，2030 年预计可投产的容量以及远期的预测容量。

场景一：

预计 2030 年某电网负荷达到 4.62 亿 kW，特高压直流受电 3500 万 kW、送出电力 1800 万 kW，在新能源装机达到 4.31 亿 kW 水平下（新能源装机约占总装机 50%），某电网新能源出力短时间波动 5%（有功损失约 2155 万 kW）。

由表 4-5 可知，若某电网抽蓄装机为 2030 年 2257 万 kW 水平，非同步电源占比 M 达到 1.108 时（非同步电源出力/同步电源出力），此时新能源同时率为 56.34%，系统频率最低点为 49.25Hz，达到某电网低频减载装置的启动阈值。若某电网抽蓄装机为 2025 年 1257 万 kW 水平，某电网新能源出力短时间波动 5%，非同步电源占比 M 达到 1.101 时（非同步电源出力/同步电源出力），此时新能源同时率为 57.17%，系统频率最低点为 49.25 Hz，达到某电网低频减载装置的启动阈值。若某电网抽蓄装机为远景年 3000 万 kW 水平，非同步电源占比 M 达到 1.114 时（非同步电源出力/同步电源出力），此时新能源同时率为 56.49%，系统频率最低点为 49.25 Hz，达到某电网低频减载装置的启动阈值。

表 4-5　抽蓄开机对非同步电源比例提升

抽蓄装机容量/kW	非同步电源比例
0	1.092
1257 万（2025 年）	1.101
2257 万（2030 年）	1.108
3000 万（远景年）	1.114

可以看出在新能源装机占比 50% 的场景，没有抽蓄的情况下非同步电源比例更低，随着抽蓄开机容量的增加，非同步电源比例不断提高，系统在一定稳定要求下可接纳新能源出力值增加，系统整体惯量也随之提升。从惯量支撑角度分析，在一定系统频率限制下，抽蓄开机每增加 1000 万 kW，可提升新能源出力约 240 万 kW，并在规划容量内基本上呈线性关系，如图 4 - 11所示。

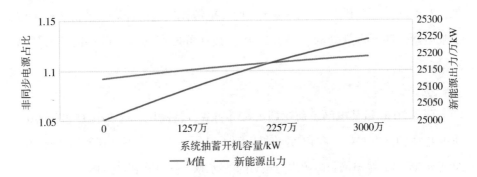

图 4 - 11　不同抽蓄开机容量下系统新能源出力趋势图

场景二：

在某电网 2030 年 4. 62 亿 kW 负荷，新能源装机达到 5. 17 亿 kW 水平下（新能源装机约占总装机 60%），通过直流受电 3500 万 kW，直流送电 1800万 kW。在与场景一同样的新能源同时率下，某电网常规机组开机减少，M值增加，能承受的有功缺额减少量将随之减少。

表 4 - 6 可以看出，若某电网新能源规模进一步增加，当新能源装机占比达到 60%，发生同样扰动时系统整体惯性降低，非同步电源比例也随之整体下降，但随着抽蓄出力的提高，惯量水平上升，在规划容量内也同样呈线性关系。

表 4 - 6　抽蓄开机对频率最低点影响

抽蓄装机容量/kW	非同步电源比例
0	0. 847
1257 万（2025 年）	0. 855
2257 万（2030 年）	0. 861
3000 万（远景年）	0. 866

2. 直流闭锁故障状态下的惯量支撑作用

若直流发生直流闭锁，在某电网采取的安控措施中，其中一项是切除部分负荷。采用抽蓄"切泵"的安控措施代替切负荷的措施，有效减小直流闭锁故障对受端电网用电可靠性的影响，落实"保供"政策要求。

经计算分析，发生直流双极闭锁故障，采取切除 250 万 kW 抽水负荷（与需切除负荷量一致）的安控措施，某电网频率能恢复正常水平如图 4 – 12 所示。

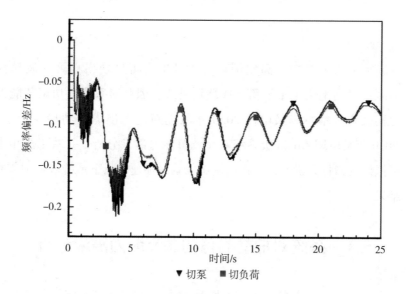

图 4 – 12 直流双极闭锁频率偏差曲线图

第5章 抽水蓄能对新能源不同占比下
新型电力系统有功支撑需求响应的分析

在新型电力系统中，高比例新能源日出力将呈现出显著的波动性特征，对系统日内电力电量平衡构成严峻挑战，因此对系统有功调节能力提出了更高要求。本章以某电网 2020 年风光新能源出力波动特性为基础，开展 2030 年某电网 15min 级系统有功调节能力需求分析，并基于全年生产时序模拟仿真的日开机安排，得出基础场景、加速场景下系统有功调节能力分析结果。

5.1 系统对抽蓄的有功调节能力需求分析

根据第二章分析内容可知，在基础场景下 2030 年某电网最大负荷将达到 17180 万 kW，风电、光伏装机将分别达到 5570 万 kW、9427 万 kW。考虑到风电、光伏出力以及调度负荷均呈现波动性特点，对 2030 年某电网全年 15min 级的鸭型负荷（＝调度负荷－光伏出力－核电出力）及净负荷（＝调度负荷－风电出力－光伏出力－核电出力）数据进行预测。根据预测情况，分别对鸭型负荷及净负荷的每 15min 波动速率进行统计，结果如下。

从图 5-1、表 5-1 可以看出，某电网净负荷波动速率较鸭型负荷略高，说明风电加剧了负荷曲线波动程度，净负荷双向波动最大值明显超过鸭型负荷双向波动最大值，分别达到正向 1374 万 kW/15min、负向 1107 万 kW/15min；正向波动发生个数略小于负向波动发生个数，负荷曲线在上升阶段波动值更

大。通过以上分析可知，以净负荷波动速率的绝对值分析系统有功功率调节
需求更加合理。

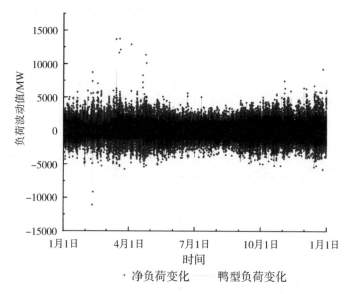

图5-1 鸭型负荷及净负荷波动情况分布图

表5-1 某电网鸭型负荷及净负荷波动情况（2030年基础场景）

项目		鸭型负荷/ （万 kW/15 min）	净负荷/ （万 kW/15 min）
正向波动	最大值	902	1374
	99% 概率	519	592
	95% 概率	305	319
负向波动	最大值	946	1107
	99% 概率	447	491
	95% 概率	265	265

结合新型电力系统下区域电网净负荷特点，选取全年净负荷大于0的时
段，即系统处于调度负荷大于风光出力的时段，需充分调动常规电源及储能
资源以满足负荷缺口。考虑到新能源出力的随机波动性特点，此时系统有功
功率支撑能力将对保障安全可靠电力供应发挥重要作用。某电网2030年基
础场景下调节需求区间分布情况见表5-2。

表5-2　某电网调节需求区间分布

分布区间	发生个数	概率	累计概率
[0%，0.61%)	11060	32.17%	32.17%
[0.61%，1.21%)	8562	24.90%	57.07%
[1.21%，1.82%)	5696	16.57%	73.64%
[1.82%，2.42%)	3637	10.58%	84.21%
[2.42%，3.03%)	2478	7.21%	91.42%
[3.03%，3.63%)	1438	4.18%	95.60%
[3.63%，4.9%)	1167	3.39%	99.00%
[4.9%，6.78%)	309	0.90%	99.90%
[6.78%，10.9%)	33	0.10%	99.99%
[10.9%，14.53%)	3	0.01%	100.00%

注：调节需求＝净负荷波动的绝对值/可调机组开机容量（约8259万kW），单位为%/15 min。

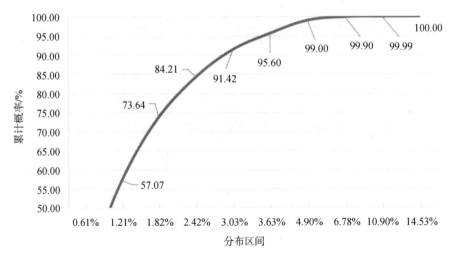

图5-2　某电网调节需求概率分布向上累计图

2030年某电网15 min级调节需求最大值为13.4%、99%概率需求值为4.9%，如图5-2所示。若考虑波动平均分配至每分钟，则调节需求最大值为0.89%/min、99%概率需求值为0.33%/min。

1. 基础场景典型日净负荷变化曲线分析

1）日净负荷正向波动最大值典型日

由图5-3、图5-4可以看出，当日净负荷增长最快时刻发生在10时30分前后，主要是由光伏出力突然快速下降所致，净负荷15 min变化值约为8736.47 MW，若考虑波动平均分配至每分钟，则调节需求值为582.43 MW/min。

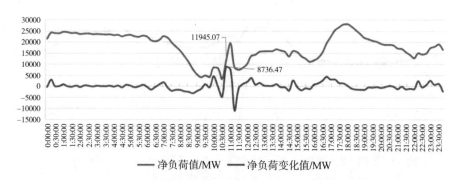

图 5 - 3　典型日净负荷变化曲线图 （2 月 10 日）

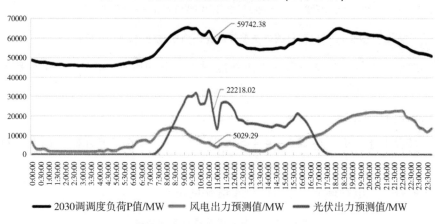

图 5 - 4　典型日调度负荷及风光出力曲线图 （2 月 10 日）

2） 日净负荷负向波动最大值典型日

由图 5 - 5、图 5 - 6 可以看出，当日净负荷下降最快时刻发生在 11 时前后，主要是由光伏出力突然快速上升所致，净负荷 15 min 变化值约为 11069.58 MW，若考虑波动平均分配至每分钟，则调节需求值为 737.97 MW/min。

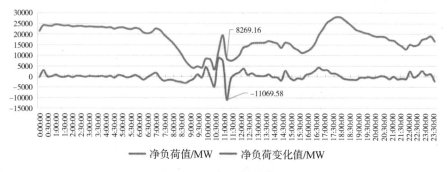

图 5 - 5　典型日净负荷变化曲线图 （2 月 10 日）

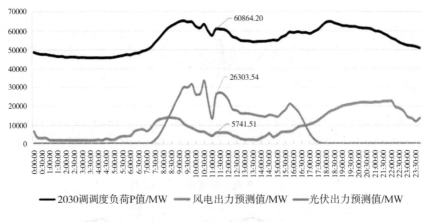

图 5-6　典型日调度负荷及风光出力曲线图（2月10日）

综上，系统有功调节需求均由新能源出力波动所致。根据 2030 年基础场景下预测数据，某电网有功调节需求最大值为 737.97 MW/min、99% 概率需求值为 272.55 MW/min。

结合上述分析，在 2030 年基础场景系统有功调节需求分析基础上，对加速场景系统有功调节需求进行分析。结合某电网 2030 年加速场景下每日开机安排，某电网调节需求区间分布情况见表 5-3。

表 5-3　某电网调节需求区间分布

分布区间	发生个数	概率	累计概率
[0%，0.61%)	7656	26.46%	26.46%
[0.61%，1.21%)	6176	21.34%	47.80%
[1.21%，1.82%)	4162	14.38%	62.19%
[1.82%，3.63%)	5978	20.66%	82.84%
[3.63%，6.05%)	3286	11.36%	94.20%
[6.05%，8.48%)	1310	4.53%	98.73%
[8.48%，9.99%)	224	0.77%	99.50%
[9.99%，12.71%)	114	0.39%	99.90%
[12.71%，15.74%)	27	0.09%	99.99%
[15.74%，19.98%)	3	0.01%	100.00%

注：调节需求＝净负荷波动的绝对值/可调机组开机容量（约 8259 万 kW），单位为% /15min。

2030 年某电网 15 min 级调节需求最大值为 19.38%、99% 概率需求值为 8.87%，如图 5-7 所示。若考虑波动平均分配至每分钟，则调节需求最大值为 1.29 % /min、99% 概率需求值为 0.59 % /min。

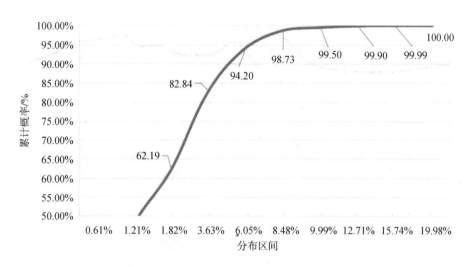

图 5 – 7　某电网调节需求概率分布向上累计图

2. 加速场景典型日净负荷变化曲线分析

1）日净负荷正向波动最大值典型日

由图 5 – 8、图 5 – 9 可以看出，当日净负荷增长最快时刻发生在 11 时前后，主要是由光伏出力突然快速下降所致，净负荷 15 min 变化值约为 16008 MW，若考虑波动平均分配至每分钟，则调节需求值为 1067.2 MW/min。

2）日净负荷负向波动最大值典型日

由图 5 – 10、图 5 – 11 可以看出，当日净负荷下降最快时刻发生在 15 时 30 分前后，主要是由光伏出力突然快速上升所致，净负荷 15 min 变化值约为 11702.1 MW，若考虑波动平均分配至每分钟，则调节需求值为 780.14 MW/min。

图 5 – 8　典型日净负荷变化曲线图（2 月 10 日）

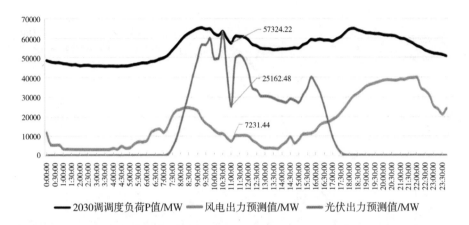

图 5 – 9 典型日调度负荷及风光出力曲线图 （2 月 10 日）

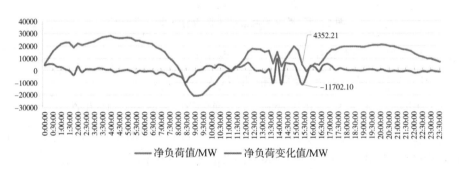

图 5 – 10 典型日净负荷变化曲线图 （1 月 30 日）

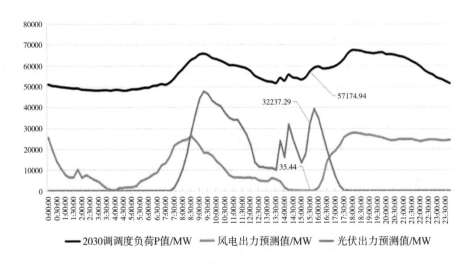

图 5 – 11 典型日调度负荷及风光出力曲线图 （1 月 30 日）

根据 2030 年加速场景下预测数据，某电网有功调节需求最大值为 1067.2 MW/min、99% 概率需求值为 488.67 MW/min，见表 5-4。

表 5-4 2030 年某电网系统有功调节需求分析汇总表 MW/min

	有功调节需求最大值	99% 概率需求值
基础场景	737.97	272.55
加速场景	1067.2	488.67
新能源装机同比增加	75.2%	
有功调节需求同比增加	44.6%	79.3%

根据基础场景与加速场景有功调节需求数据结果对比可知，伴随新能源装机占比提升，有功调节需求呈扩大趋势。同时可以得出，系统有功调节需求最大值增加幅度将明显小于新能源装机增加幅度。

系统有功功率调节能力通常受可参与调节的统调机组开机容量的制约。以 2030 年基础场景下某电网调节需求最大值 1.11 %/min 为例，该时刻无调峰缺口，可参与调节的统调火电开机容量为 4857 万 kW，若上述机组均参与调节，则机组平均调节速率只需不低于 1.89 %/min 即可满足要求，考虑到火电机组平均调节速率在 (1~2) %/min 以上，因此在该分析条件下，电网火电机组能够满足该时刻的调节需求。

对 2030 年基础场景下某电网全年系统有功功率调节能力进行分析，得出日有功功率调节需求最大值与日火电机组平均调节速率需求值分布图，如图 5-12 所示。可以看出，系统日平均有功调节需求为 252.34 MW/min，极端波动时系统短时有功调节需求将达到 336 MW/min。由图可知，日火电机组开机方式对系统有功调节能力影响显著。如 2 月 10 日系统有功功率调节需求最大值发生时，由于当日开机规模较大，日火电机组平均调节速率需求值为 0.77%。而 4 月 23 日当天虽然日系统有功功率调节需求最大值偏小，但受日火电开机规模制约，日火电机组平均调节速率需求值为全年最大的 0.97%。以 4 月 23 日为典型日，该日最大有功功率调节需求 (336 MW/min) 发生在 17 时左右，此时系统火电机组调节能力为 (416.7~833.4) MW/min，依靠机组自身调节能力能够满足系统有功调节需求。因此在基础场景下，2030 年某电网在保障电力供应能力方面，火电机组通过合理的开机安排能够适应新能源出力波动，满足系统有功调节需求。

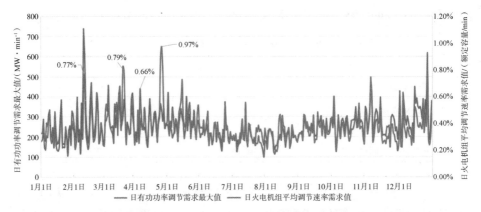

图 5 – 12　日有功功率调节需求最大值与日火电机组平均调节速率需求值分布图

对 2030 年加速场景下某电网全年系统有功功率调节能力进行分析，如图 5 – 13 所示。可以看出，新能源装机比例进一步提高情况下，系统功率波动已多次超过运行火电机组的调节能力，日平均有功调节需求为436.24 MW/min，极端波动时系统短时有功调节需求将达到 663.65 MW/min。由图可知，日火电机组开机方式对系统有功调节能力影响显著。如 12 月 26日系统有功功率调节需求最大值发生时，由于当日开机规模较大，日火电机组平均调节速率需求值为 1.93%。而 4 月 23 日当天虽然日系统有功功率调节需求最大值偏小，但受日火电开机规模制约，日火电机组平均调节速率需求值为全年最大的 14.07%。以 4 月 23 日为典型日，该日最大有功功率调节需求 664 MW/min 发生在 17 时，此时系统火电机组调节能力为（173.1 ~346.2）MW/min，仅依靠机组自身调节能力已无法满足系统有功调节需求。若不增加额外火电开机，则此时需 981.8 MW 以上的抽蓄机组参与有功调节。因此在加速场景下，系统仅依靠运行的火电机组调节能力无法满足该时刻有功调节需求的情况表现得更加明显，需增加运行火电机组规模或引入抽蓄电站等其他灵活性资源参与有功功率调节。

通过上述分析可以看出，在新型电力系统中高比例新能源逐步成为电力、电量供应主体的同时，势必导致常规煤电机组开机规模的下降。由于煤电机组自身爬坡速率的制约，系统有功功率调节能力将难以满足新能源出力波动性的要求。在不额外增加火电开机备用容量的情况下，充分利用抽蓄电站参与系统有功功率调节，能够有效支撑更高比例新能源的新型电力系统安全稳定运行。以某电网为例，通过典型日分析可得，系统抽蓄电站规模能够满足新能源加速发展场景下的新型电力系统有功调节需求。

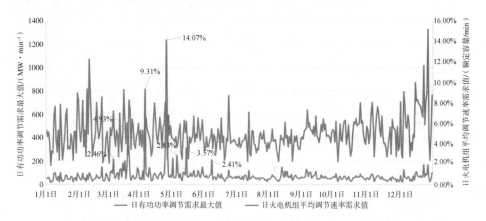

图 5 - 13　日有功功率调节需求最大值与日火电机组平均调节速率需求值分布图

5.2　多情景抽水蓄能的有功功率调节能力分析

根据有功调节需求分析部分可知，加速场景下，需要抽蓄满足有功调节需求。定速抽蓄机组在抽水工况下，由于速度不可调，无法跟随负荷参与有功支撑，而在发电工况下，输出的有功功率调节范围一般控制在50%～100%。据此分析条件，通过将净负荷曲线与抽蓄运行曲线叠加，对2030年加速场景下某电网全年系统有抽蓄参与后的净负荷波动性进行分析。

图 5 - 14 为典型日净负荷变化曲线图，通过对比计及抽蓄发电后的净负荷变化值与原始净负荷变化值曲线可以看出，抽蓄参与有功功率调节后，净负荷变化值明显变小，曲线相对更加平滑。其中 7：30～9：00、10：30～12：00 和 15：45～18：00 三个时段对波动的抑制效果最明显。这三个时段恰对应光伏出力日出、日落和午间波动较大时刻，因此系统中有抽蓄参与调节后改善效果明显。

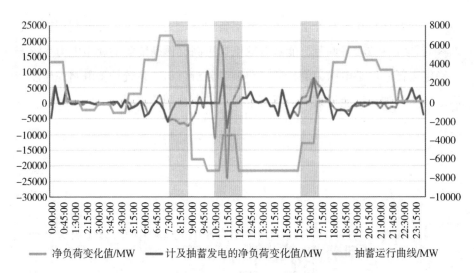

图 5 – 14　典型日净负荷变化曲线图

图 5 – 15 为日有功功率调节需求最大值与日火电机组平均调节速率需求值分布图，通过更长时间尺度的对比分析，结合对应时刻的抽蓄剩余库容（图中的绿色透明曲线）可知，当抽蓄有备用发电容量时，从有功支撑角度可以调整运行工况满足系统有功支撑需求，库容不足时，需要火电协助支撑，火电平均调节速率需求小于 2% 即可系统运行，满足调节要求。在新型电力系统中，抽蓄抽水的次数更为频繁，时段更加分散，抽水期间若下一时刻风光出力不及预期，短时间内可能加剧负荷波动。

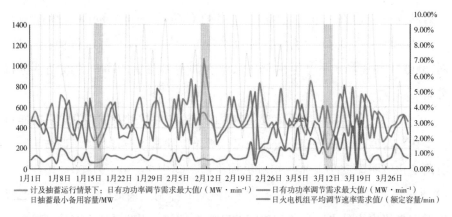

图 5 – 15　日有功功率调节需求最大值与日火电机组平均调节速率需求值分布图

第6章 抽水蓄能对新能源不同占比下新型电力系统无功支撑需求响应的分析

6.1 系统对抽蓄的无功支撑需求分析

6.1.1 受端系统暂态电压失稳机理研究

1. 受端电网电压稳定风险

电压失稳是系统传输能力不能满足负荷需求而导致的系统性问题，是系统特性和负荷特性共同作用的结果。

由于受端电网交直流之间、高低电压之间、电源与电网之间、一次网架与二次系统之间的结构性矛盾不断累积，因而大电网耦合特性更加复杂，运行风险不断加大。受多回直流集中馈入和新能源高比例电力渗透的影响，受端电网面临的大面积停电的风险始终存在。

随着受端电网交直流受电规模的大幅增长，受端电网火电机组的开机空间受到严重挤压，导致系统电压支撑能力下降；同时风电和光伏的装机规模不断增加，进一步挤占了常规电源的开机空间，在电网大受电、小开机方式下，特高压交流线路发生 N−2 故障时，受端电网均存在电压失稳的风险。

受端电网外受电占常规火电开机比例超过一定值时，受端电网存在电压崩溃问题；若考虑新能源发电功率，该值还会继续下降。为了促进新能源消纳、优化能源结构，未来新能源发电占比和外受电规模还将持续增长，受端电网电压失稳风险进一步增加。

2. 受端电网电压失稳演变过程

受端电网受电通道发生故障，受有功功率和新能源有功出力大幅跌落的影响，引发全网范围的潮流转移，系统无功损耗短时大幅增加，受端交流受电断面和联络断面潮流加重。

故障清除后，电网电压迅速回升。一是直流功率开始回升，其间伴随吸收大量无功，并逐渐增加；二是负荷中感应电动机有功迅速增大，同时吸收大量无功功率；三是负荷有功的快速恢复，使得交流断面潮流加重，断面中线路消耗大量无功功率；四是新能源有功功率缓慢恢复，有功潮流转移长期存在，系统的无功损耗持续恶化电压水平。无功功率消耗增大导致电压稳定极限降低，有功潮流转移导致薄弱断面潮流加重，送电功率超过电压稳定极限时，会造成受端电压失稳。

此外，受端特高压环网结构加强了受端电网的网架结构，提高了受端电网的受电能力。受电规模的提高导致故障后主网内的其他区域联络线潮流转移增大，受端电网交直流故障可能会引发主网内某些薄弱断面电压失稳，全网电压振荡等问题。

3. 影响受端电网电压稳定的主要因素

1）发电机引起的暂态电压失稳

发生电压失稳事故时电力系统一般处于高负荷水平，且从远方电源送入大量功率，并伴随突然出现的大扰动。受端系统的发电机在大扰动发生后往往会处于过励磁与过载状态，由于受到励磁绕组热容量限制，机组的过励磁能力到达设定运行时间时，过励磁限制器会将励磁电流减少到额定值，会引起网络中无功大量缺额，使得远方发电机必须提供所需的无功功率。但是，由远方发电机向负荷区域提供无功是低效率甚至是无效果的，从而导致发电和输电系统不能够再满足负荷无功需求和系统无功损耗，系统电压迅速下降，导致暂态电压失稳。

2）并联电容器、SVG 引起的暂态电压失稳

大量安装并联电容器容易造成暂态电压失稳，其原因是显而易见的。因为并联电容器提供的无功支持随着电压的平方变化，所以在电压下降时，其提供的无功支持会大大下降，容易导致暂态电压失稳。

SVG 的动态调节有利于提高系统的暂态电压稳定性，但一旦达到其最大输出电纳或者最大输出电流时，SVG 的无功输出与母线电压为平方关系，

其效果相当于并联电容器，此时 SVG 丧失了无功调节的能力，其提供的无功支持能力大大下降，容易导致暂态电压失稳。

3）高压直流输电引起的暂态电压失稳

高压直流输电，在远距离、大容量输电方面具有独特优势。然而，由于直流换流器要消耗大量的无功功率（为直流有功功率的 50% 左右），使得大干扰后交直流系统的暂态电压稳定性面临严峻考验，尤其是与直流系统相连的弱交流系统的电压稳定性。

高压直流输电系统的严重故障直流双极闭锁会导致潮流大量转移，一旦电压降低，受端系统中感应电动机负荷的无功需求会大量增加，同时并联电容器提供的无功补偿开始减少，全网电压会进一步恶化导致暂态电压失稳。直流功率在交流系统故障切除后的快速恢复有助于缓解交流系统的功率不平衡，但过快的功率恢复却可能造成后继的换相失败，导致交流系统暂态电压失稳。对于多馈入交直流电力系统，这一特点更加明显。

4）新能源故障特型

当交流系统发生故障时，尤其是特高压系统发生故障时会导致受端电网内大量不同电压等级的母线电压低于 90% 标称电压，引发大规模新能源机组进入低电压穿越状态，低穿期间新能源机组有功出力大幅降低，低穿后有功功率恢复缓慢。根据 GB/T19963—2011《风电场接入电力系统技术规定》的要求，风机应按照每秒不小于 0.1PN（PN 额定功率）的功率变化率恢复至故障前的值，极端情况下恢复全部功率需 7~9 s，因此新能源同时率越高，故障后有功缺额越大，同时大规模潮流转移的时间持续长，电压崩溃风险增加。

6.1.2 不同故障下某电网电压稳定特性分析

1. 特高压交流通道 N-2 故障

某电网在大受电、常规电源小开机方式下，发生某特高压线路 N-2 故障时，存在电压失稳风险。

某电网在不同新能源同时率方式下，其受电能力见表 6-1，随着新能源出力的增加，某电网的受电能力下降。新能源出力为 4500 万 kW 方式，外受电 5000 万 kW 和 5200 万 kW 下电网电压曲线如图 6-1、图 6-2 所示。

表 6 - 1   不同新能源同时率某电网受电能力

新能源出力/ 万 kW	火电开机容量/ 万 kW	外受电/万 kW	(外受电＋新能源)/ 全网负荷比例	外受电/全网 负荷比例
4500	7580	5120	55.93%	29.77%
6000	7510	3690	56.34%	21.45%
7500	7320	2380	57.44%	13.84%

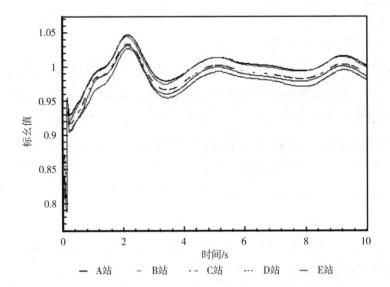

图 6 - 1   新能源出力 4500 万 kW，外受电 5000 万 kW 下某电网电压曲线

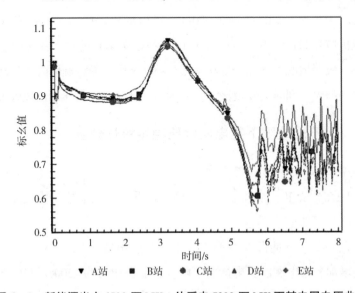

图 6 - 2   新能源出力 4500 万 kW，外受电 5200 万 kW 下某电网电压曲线

2. 特高压直流三次换相失败故障

某特高压直流输送功率为 1000 万 kW 方式下，发生三次换相失败故障，某电网电压能够恢复正常水平如图 6-3 所示。

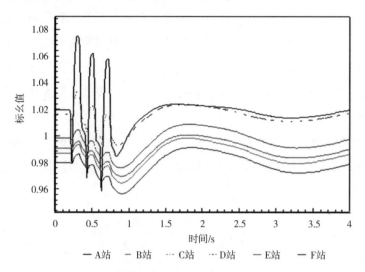

图 6-3　某特高压直流三次换相失败某电网电压曲线

3. 特高压直流三次换相失败故障

直流输送功率为 1000 万 kW 方式下，发生直流双极闭锁故障，现有控制措施下某电网电压能够恢复正常水平如图 6-4 所示。

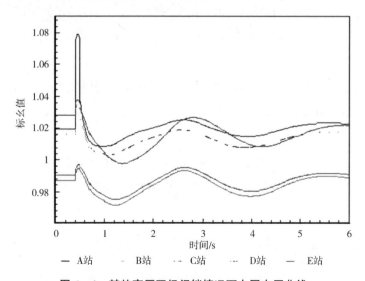

图 6-4　某特高压双极闭锁情况下电网电压曲线

6.1.3 系统对抽蓄的无功电压支撑需求分析

某电网为受端电网，呈现出特高压交直流多点互济的特性。近年来随着新能源出力和直流功率的逐步提升，某电网常规电源开机容量占负荷比例持续下降，系统动态无功支撑能力进一步减弱。某电网常规机组开机容量不足时，发生特高压交流 N－2 等严重故障，大规模潮流转移会引发系统电压大幅下降，加上故障后直流、感应电动机恢复过程中吸收大量无功，会导致某电网电压失稳。

基于某电网交流受电 750 万 kW，直流受电 3200 万 kW，共 3950 万 kW 受电需求下，根据某电网不同的新能源同时率，开展系统对抽蓄无功电压支撑需求分析。

表 6－2   不同新能源同时率某电网对抽蓄调压需求   万 kW

新能源出力	火电出力	外受电需求	抽蓄需求
4500（同时率30%）	8750	3950	0
5350（同时率35%）	8000	3950	0
5700（同时率38%）	7550	3950	60
6000（同时率40%）	7250	3950	1400

由表 6－2 可知，某电网新能源同时率较低时，不需要抽蓄进行调相运行，进行电压支撑；当新能源同时率达到 38% 时（出力 5700 万 kW），某电网需要 60 万 kW 抽蓄机组调相运行；当新能源同时率达到 40% 时（出力 6000 万 kW），某电网需要 1400 万 kW 抽蓄机组调相运行；随着某电网的新能源同时率进一步增加，电压稳定水平持续下降，需要抽蓄配合调相机等无功补偿装置提升某电网电压稳定水平。

6.2   多情景调节需求下抽水蓄能的无功支撑响应能力分析

6.2.1 抽蓄对电压支撑能力影响因素分析

当电网发生严重故障，系统电压大幅跌落时，带自动励磁调节器的同步电机因其自身物理特性即会立刻输出大量无功，此外，励磁调节器还会立即进行强励，以支撑并网点交流电压、保持机组暂态稳定。系统电压动态波动时，同步电机亦能在励磁调节器控制下快速进行无功响应，抑制电压波动。

利用 PSD-BPA 构建小系统仿真数据，主网架为 220kV，其中母线 2 负荷为 3500 MW，母线 1 接抽蓄装机为 5×300 MW，母线 3 接新能源装机 1500 MW，其中风电装机和光伏装机均为 750 MW；设置送电通道 N-1 故障，研究抽蓄机组对系统的电压支撑能力，如图 6-5 所示。

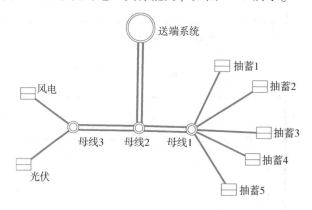

图 6-5　小系统结构图

故障期间抽蓄机组发出大量无功，为系统电压提供支撑；故障清除后，抽蓄机组的无功出力降低，但由于故障导致系统无功支撑减小，抽蓄机组的无功出力较事故前有所提高。

1. 不同开机台数对系统电压支撑能力

抽蓄机组在故障及恢复期间会为系统提供无功支撑，随着抽蓄机组开机数量的减小，故障后负荷母线的电压恢复值降低，如图 6-6、图 6-7 所示。

表 6-3　抽蓄机组不同开机台数负荷母线电压曲线

抽蓄开机	新能源出力/MW	电压恢复值/pu
5×300 MW	0	0.961
4×300 MW	300	0.946
3×300 MW	600	0.927

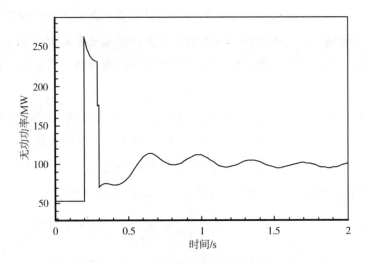

图 6 - 6　抽蓄机组无功响应曲线

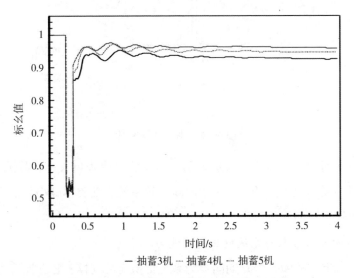

— 抽蓄3机 ⋯ 抽蓄4机 ⋯ 抽蓄5机

图 6 - 7　不同抽蓄机组下负荷母线电压曲线

由表 6 - 3 可知，抽蓄机组开机 5 台，新能源出力为 0 时，系统电压恢复值为 0.961 pu；抽蓄机组开机 4 台，新能源出力为 300 MW 时，系统电压恢复值为 0.946 pu；抽蓄机组开机 3 台，新能源出力为 600 MW 时，系统电压恢复值为 0.927 pu。

2. 不同容量机组对系统电压支撑能力

分析对比容量为 300 MW（单台）和 150 MW（2 台）机组对系统电压

支撑能力的影响，将所构建小系统 5×300 MW 抽蓄改为 10×150 MW 抽蓄，不同开机台数下电压恢复情况见表 $6 - 4$。

表 6 - 4　抽蓄机组不同开机台数负荷母线电压曲线

抽蓄开机	新能源出力/MW	电压恢复值/pu
10×150 MW	0	0.961
8×150 MW	300	0.946
6×150 MW	600	0.927

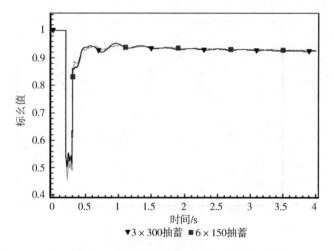

▼3 × 300抽蓄　■6 × 150抽蓄

图 6 - 8　不同抽蓄机组配置下电压恢复曲线（a）

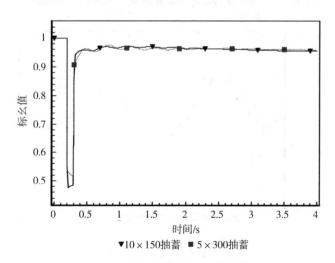

▼10 × 150抽蓄　■5 × 300抽蓄

图 6 - 9　不同抽蓄机组配置下电压恢复曲线（b）

从图 6-8、图 6-9 可以看出，可以看出多台小机组对电压的支撑能力与单台大机组的支撑能力基本一致。

3. 不同运行工况组对系统电压支撑能力

电网发生故障，抽蓄机组将发出无功，提高电网的电压稳定水平。以 2030 年某电网为算例，分析不同故障下抽蓄机组的无功响应情况。

抽蓄机组在发电和调相运行工况下，电网发生故障能提供无功支撑，提高电网的电压稳定水平。

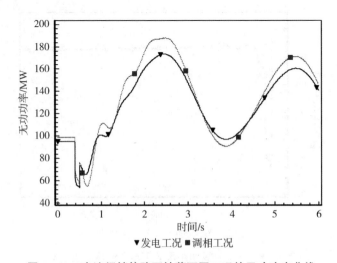

▼发电工况 ■调相工况

图 6-10　直流闭锁故障下抽蓄不同工况的无功响应曲线

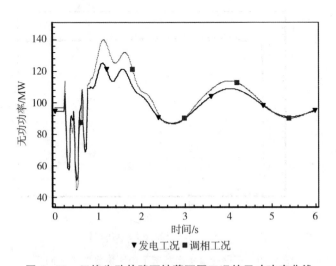

▼发电工况 ■调相工况

图 6-11　三换失败故障下抽蓄不同工况的无功响应曲线

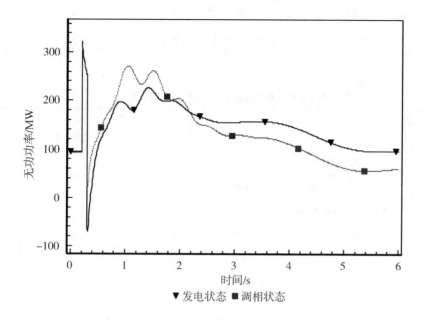

图6-12 交流线路 N-1 故障下抽蓄不同工况的无功响应曲线

如图6-10至图6-12所示，故障恢复期间调相工况下抽蓄机组发出无功更多，对电压支撑能力更强。

4. 抽蓄机组位置对系统无功支撑影响

设置特高压直流双极闭锁故障，对比抽蓄接入位置对系统电压无功的支撑能力，方案1为抽蓄电站接入500 kV 沂蒙站，方案2为抽蓄电站接入500 kV 金多站。

经过仿真计算可知，发生昭沂直流双极闭锁故障，抽蓄电站接入沂蒙站对系统电压支撑能力更好，因此在直流换流站附近建设抽蓄电站，可提高直流故障后的电网电压稳定水平。

6.2.2 某电网抽蓄无功支撑能力量化分析

抽蓄在以调相方式运行时，可为系统提供无功电压支撑，提高电网的电压稳定水平。

预计2025年某电网抽蓄装机约430万kW，2030年抽蓄装机730万kW，远景年抽蓄装机将达到 1000 万 kW。受制于特高压线路三永 N－2 故障，某电网电压失稳，不同新能源同时率及不同抽蓄规模下，某电网的受电能力见表 6－5。

表 6－5　不同新能源同时率某电网受电能力

抽蓄规模/ 万 kW	新能源出力/ 万 kW	火电开机 容量/万 kW	外受电/ 万 kW	（外受电＋新能源）/ 全网负荷比例	外受电/全网 负荷比例
430	4500（同时率30%）	7680	5020	55.35%	29.19%
	6000（同时率40%）	7600	3600	55.81%	20.93%
	7500（同时率50%）	7440	2260	56.74%	13.14%
	9000（同时率60%）	7290	910	57.62%	5.29%
730	4500（同时率30%）	7580	5120	55.93%	29.77%
	6000（同时率40%）	7510	3690	56.34%	21.45%
	7500（同时率50%）	7320	2350	57.44%	13.84%
	9000（同时率60%）	7210	990	58.08%	5.76%
1000	4500（同时率30%）	7480	5220	56.51%	30.35%
	6000（同时率40%）	7430	3770	56.80%	21.92%
	7500（同时率50%）	7250	2440	57.85%	14.24%
	9000（同时率60%）	7130	1070	58.55%	6.22%

随着新能源出力的增加，某电网受电能力随之减小，在某电网抽蓄规模 730 万 kW 边界下，某电网新能源同时率 30% 时，最大受电能力约 5120 万 kW，占负荷比例约 29.77%；某电网新能源同时率 60% 时，最大受电能力仅 990 万 kW，占负荷比例约 5.76%。

在某电网受电 3650 万 kW，新能源同时率 50% 方式下，某电网抽蓄规模 730 万 kW 边界下，发生特高压线路三永 N－2 故障，某电网无电压失稳情况；某电网抽蓄规模 430 万 kW 边界下，发生特高压线路 N－2 故障，某电网电压失稳，如图 6－13 所示。

某电网的抽蓄规模的增加，将提升某电网的受电能力，抽蓄机组增加 300 万 kW，某电网受电能力能提升约 70 万～100 万 kW。

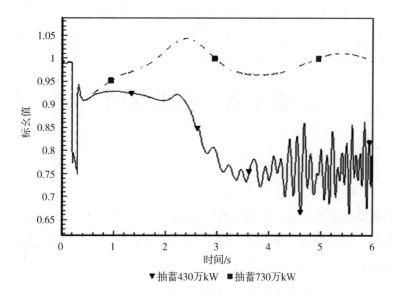

▼抽蓄430万kW ■抽蓄730万kW

图 6-13　特高压 N-2 故障某电网电压曲线

第7章　技术展望

　　抽水蓄能是新型电力系统中调节电源的主体、保证系统安全稳定运行的重要保障。在新型电力系统中，基于"六大功能"的基础，抽蓄将发挥促进新能源接入与消纳、保障电网安全稳定运行、优化供电质量和可靠性以及提供惯量支撑和减少碳排放等四大作用，有效应对高比例新能源对电力系统带来的潜在影响。

　　早期电力系统电源以火电为主，装机容量总体偏紧，系统调峰资源紧张。抽水蓄能在系统中的作用主要以调峰填谷、配合火电核电提高运行经济性为主，在缓解系统调峰供需矛盾，发挥储能作用的同时，支撑系统安全稳定运行。随着以源网荷储协同互动的能源互联网建设和风电、光伏发电等新能源快速发展，对系统的安全、稳定、灵活运行带来更大挑战，抽水蓄能将在紧急事故备用、促进新能源消纳、优化系统频率和电压、补充系统惯量支撑等方面发挥新的作用。

　　新型电力系统的建设必将给现有电力系统带来深刻变化，最为显著而直接的变化在源荷两端；2030 年储能资源仍将以抽水蓄能电站为主，电化学储能占比有望逐步提升，但其他新型储能尚难以形成规模化应用。一是电网中接入抽水蓄能后可以更好地降低年弃电量，提升新能源消纳水平。在一定规划容量下，通过在系统中投入的抽水蓄能机组的装机容量，一定程度内可以推算出年新能源消纳率。二是抽水蓄能接入电网后可以通过抽水工况吸收弃电，降低新能源弃电率，提升新能源消纳水平，抽蓄可通过接近全功率抽水降低调峰缺口最大值，从而减轻午间调峰压力。三是抽蓄机组对系统频率的支撑能力与新能源出力、抽蓄机组规模、负荷水平等因素有关，随着抽蓄机组开机的增加和新能源出力的减小，电力系统能够承受的有功波动将提升。四是抽蓄的惯量支撑能力优于火电，惯性时间常数可提升 40% 左右；同等容量下，多台小机组惯量支撑优于单台大机组；抽蓄发电和抽水工况下提供的惯量相同，在抽蓄发电和抽水运行工况下，都可以作为系统惯量支撑资源；受限于当前装机水平，抽水蓄能对整体系统惯量支撑作用有限，可持续扩大抽水蓄能建设规模，体现规模效应。五是抽水蓄能距离故障位置越近，对电网的无功电压支撑能力越强；抽水蓄能机组在发电和调相工况下都能对系统提供电压无功支撑，但调相工况下支撑能力更强；电网的抽蓄规模的增加，将提升受电能力，抽蓄机组增加 300 万 kW，某电网受电能力能提升约 70 万 ~ 120 万 kW。

参考文献

［1］高洁．抽水蓄能—光伏—风电联合优化运行研究［J］．水电与抽水蓄能，2020，6（5）：25 - 29 + 37.

［2］宋自飞．抽水蓄能电站在电力系统和电力市场中的功能定位研究［J］．大众用电，2018，32（8）：22 - 23.

［3］吴跨宇，卢岑岑，袁亚洲．抽蓄机组调相运行对宾金直流无功电压支撑的仿真研究［J］．中国电力，2018，51（3）：54 - 61.

［4］文贤馗，张世海，邓彤天，李盼，陈雯．大容量电力储能调峰调频性能综述［J］．发电技术，2018，39（6）：487 - 492.

［5］张亚武．大型水电、抽水蓄能机组主设备典型缺陷分析［J］．水电与抽水蓄能，2016，2（6）：2.

［6］张武其，文云峰，迟方德，等．电力系统惯量评估研究框架与展望［J］．中国电机工程学报，2021，41（20）：6842 - 6856.

［7］赵吉贤，李凤婷，尹纯亚．风火储联合多通道外送系统直流闭锁后的稳控措施［J］．中国电力，2021，54（5）：65 - 73.

［8］孙华东，王宝财，李文锋，等．高比例电力电子电力系统频率响应的惯量体系研究［J］．中国电机工程学报，2020，40（16）：5179 - 5192.

［9］赵冉．构建以新能源为主体的新型电力系统［N］．中国电力报，2021 - 04 - 01（002）.

［10］王涛．光热和抽蓄对电力系统提升可再生能源消纳能力的研究［D］．长春：东北电力大学，2020.

［11］刘连德，何江，周家旭，等．含高比例风光发电的电力系统中抽蓄电站

的优化控制策略［J］. 储能科学与技术, 2022, 11 (7)：2197 – 2205.

[12] 曹明良, 李国和, 孙勇, 等. 基于大数据的抽水蓄能服务电网研究与模型应用探索［J］. 水电与抽水蓄能, 2019, 5 (3)：1 – 11.

[13] 魏敏, 孙勇, 罗艳. 基于大数据分析的抽水蓄能电站服务华东电网能力探索［C］//. 抽水蓄能电站工程建设文集 2017, 2017：72 – 76.

[14] 刘殿海, 王珏, 徐鹏. 基于系统分析的多源互补系统中抽水蓄能电站定位识别［C］//. 抽水蓄能电站工程建设文集 2020, 2020：13 – 19.

[15] 林俐, 岳晓宇, 许冰倩, 等. 计及抽水蓄能和火电深度调峰效益的抽蓄 – 火电联合调峰调用顺序及策略［J］. 电网技术, 2021, 45 (1)：20 – 32.

[16] 本报评论员. 加快抽水蓄能开发建设 以实际行动服务碳达峰碳中和［N］. 国家电网报, 2021 – 03 – 22 (001).

[17] 张娜, 衣传宝. 满足电网功能定位需求的抽水蓄能电站上水库水位合理运行范围研究［C］//. 抽水蓄能电站工程建设文集 2019, 2019：160 – 164.

[18] 李晖, 刘栋, 姚丹阳. 面向碳达峰碳中和目标的我国电力系统发展研判［J］. 中国电机工程学报, 2021, 41 (18)：6245 – 6259.

[19] 李成乾, 曹楚生. 潘家口水利枢纽及其混合式抽水蓄能电站［J］. 水利水电技术, 1991 (10)：6 – 11.

[20] 王嘉航, 杨启涛, 王萌, 等. 十三陵水库水资源状况分析及生态补水展望［J］. 中国水利, 2018 (7)：27 – 29 + 7.

[21] 张智刚, 康重庆. 碳中和目标下构建新型电力系统的挑战与展望［J］. 中国电机工程学报, 2022, 42 (8)：2806 – 2819.

[22] 辛保安, 陈梅, 赵鹏, 等. 碳中和目标下考虑供电安全约束的我国煤电退减路径研究［J］. 中国电机工程学报, 2022, 42 (19)：6919 – 6931.

[23] 罗瑾. 特高压交直流大受端电网频率稳定与紧急控制策略研究［D］. 北京：华北电力大学, 2019.

[24] 付红军, 陈惠粉, 李海波, 等. 特高压交直流电网背景下新能源无功支撑能力分析［J］. 河南电力, 2020 (S2)：32 – 40.

［25］ 王子强．特高压交直流互联电网频率紧急控制系统研究［D］．北京：华北电力大学，2018.

［26］ 孙李平，史英哲，云祉婷．新型电力系统建设为光伏转型发展带来新机遇［J］．中国能源报，2021（4）．

［27］ 张子瑞．新型电力系统是电网的机遇之战［J］．中国能源报，2021（22）．

［28］ 刘军，马强，汪湲．银东直流闭锁对山东电网影响分析［J］．山东电力技术，2013（4）：1－4.

［29］ 肖友强，林晓煌，文云峰．直流和新能源高渗透型电网惯性水平多维度评估［J］．电力建设，2020，41（5）：19－27.

［30］ 温日永，秦文萍，唐震，等．转动惯量分布对电力系统频率稳定性的影响［J］．太原理工大学学报，2020，51（3）：430－437.